应用型人才培养建筑类专业创新教材

计算机效果图
设计与制作

李雪塞　王冬　张婷　主编

化学工业出版社

·北京·

内容简介

本书全面介绍了3ds Max、V-Ray、Photoshop基本功能及常见效果图的制作。本书从基本操作入手，结合了大量的可操作性实例，全面而且深入地讲述了3ds Max的建模、灯光、摄影机、材质、贴图、效果渲染和后期处理等方面的技术。每一章节分别介绍一个技术板块的内容，过程讲解丰富，通过每个知识点的案例训练，帮助读者轻松地掌握软件，避免了理论知识学习的枯燥。

本书以软件3ds Max效果图为主线，探讨三维建模技巧与创作灵感要素以及室内设计表达能力。通过本书的学习，读者可掌握室内设计中家装、公装的三维效果图的制作，并能将自己的设计灵感完美地表达出来，能胜任室内设计师的工作。

为贯彻落实党的二十大报告精神，推进教育数字化，建设全民终身学习的学习型社会、学习型大国，本书开发有微课视频等丰富的数字资源，可通过扫描书中二维码获取。

本书可作为应用型本科与高等职业院校建筑设计、建筑室内设计、建筑装饰工程技术等建筑设计类相关专业教材，亦可作为零基础、入门级读者学习计算机效果图设计与制作的教材，还可作为数字艺术教育培训机构以及相关院校的参考教材。

图书在版编目（CIP）数据

计算机效果图设计与制作/李雪塞，王冬，张婷主编 . 一北京：化学工业出版社，2024.1
ISBN 978-7-122-44359-5

Ⅰ.①计⋯ Ⅱ.①李⋯ ②王⋯ ③张⋯ Ⅲ.①三维动画软件 Ⅳ.①TP391.414

中国国家版本馆CIP数据核字（2023）第198969号

责任编辑：李仙华　　　　　　　　　　　文字编辑：张钰卿　王　硕
责任校对：李露洁　　　　　　　　　　　装帧设计：王晓宇

出版发行：化学工业出版社（北京市东城区青年湖南街13号　邮政编码100011）
印　　装：北京盛通印刷股份有限公司
880mm×1230mm　1/16　印张11　字数301千字　2024年3月北京第1版第1次印刷

购书咨询：010-64518888　　　　　　　　　售后服务：010-64518899
网　　址：http://www.cip.com.cn
凡购买本书，如有缺损质量问题，本社销售中心负责调换。

定　　价：49.80元

前言

　　本书全面讲解了3ds Max、V-Ray等的基本功能及室内常见效果图的制作，尤其针对从3ds Max建模、布置摄影机到VRay灯光、VRay材质、VRay渲染以及利用Photoshop进行后期处理，做了较全面的讲解。本书完全面向零基础、入门级读者，是他们快速、全面掌握计算机效果图制作的必备教材。

　　本书是完全实例教程，与同类书相比具有以下特点：通过实例练习使读者融会贯通，主要以应用为主，这样可以更好地掌握软件，积累操作经验；在编写时力求内容丰富、实用、具有可操作性，使读者可以快速掌握制作室内效果图的方法。

　　本书将党的二十大报告中体现的新思想、新理念及科学方法论与专业知识和技能有机融合，贯彻落实立德树人根本任务，力求适应行业发展的新趋势、职业教育的新模式和教学改革的新思路。

　　本书附带学习资源，内容包括书中的案例训练、学后训练的场景文件和教学视频，以及重要工具和技术的演示视频，读者在学习中有不明白的地方，可以通过视频辅助学习。丰富的配套视频资源，可通过扫描书中二维码获取。同时可登录www. cipedu. com.cn免费获取电子课件。

　　本书由河北工业职业技术大学李雪塞、王冬、张婷担任主编；河北工业职业技术大学田园方、蔡箴、李雪军、韩宏彦担任副主编；河北工业职业技术大学刘星、曹宽、张瑶瑶、栗晓云，河北新万景建设集团有限公司刘金川，河北青年管理干部学院陈婉冬参编。同时感谢提供优秀设计作品的各位同学和设计师们。

　　因时间仓促、编者的学术水平有限，书中难免有疏漏或者不当之处，敬请各位专家与广大读者批评指正！

编者

2023年12月

目录

4
摄影机技术和
灯光技术
/068

目录

7
Photoshop
后期处理

/143

附录 快捷键
索引
/165

参考文献
/168

二维码资源目录

1

计算机效果图
必备知识

本书的主要内容是如何制作并设计室内效果图，在进行效果图设计与制作前，需要具备基本的知识，如室内设计风格、效果图制作流程、学前的准备工作以及本课程的基本要求，以便更好地完成效果图的场景建模及材质制作。

1.1　什么是效果图

室内设计作为环境艺术设计专业中十分重要的一个部分，是以满足人们的实际活动需求为核心，将科学性与艺术性紧密结合的一门学科，和人类生活、居住、学习、运动、社交等行为紧密相关。而效果图在室内设计中又起着十分重要的作用，设计师在对室内进行设计时，把方案通过效果图表达出来，然后通过效果图进行多方面的构思，最终将绘制好的效果图（图1-1）与设计需求者进行沟通。

现在室内设计效果图的表现形式有手绘、电脑制图、VR全景体验技术等多种方式，可以帮助设计师更好地表现自己的方案，每种表现方式都可以呈现不同的效果。

1.1.1　手绘效果图

随着"包豪斯风格"的产生，室内透视手绘方法开始得到广泛的运用和推广。到20世纪，手绘室内效果图得到了更广泛的关注，成为室内设计师的必备技能和艺术素养，也成为室内设计这门学科的必修课程。

在制订室内设计方案时，设计师先与客户进行沟通，设计师可以一边与客户交流，一边勾画设计草图；在进行室内装修时，也需要手绘效果图的辅助；在与施工团队沟通时，还要用室内手绘效果图加以说明，这样能让施工团队更容易理解，从而加快施工速度，减少返工，避免出现装修效果与设计概念相差甚远的状况。

手绘效果图在室内设计中的主要特点十分明显，其效果很真实，在真实的基础上又可以添加艺术的效果，在美观、具有艺术性的基础上根据客户的需求又可以准确、全面地展现设计方案是否合理。这就是在现代，虽然计算机制图已经得到越来越广泛的运用，但手绘效果图仍然延续至今的原因。手绘效果图可以作为计算机效果图课程的基础课程，可以通过手绘效果图提升设计者的艺术品位，并熟练掌握效果图的设计原理、设计构思及绘制过程，使室内的效果图在真实表现设计方案的同时又兼具艺术感，如图1-2所示。

图1-1　室内设计效果图

1.1.2 电脑制作效果图

1993年以后，各类制图软件陆续产生，计算机制图替代了手绘效果图。计算机制图很大程度上提高了室内设计的工作效率，也为室内设计效果图的综合表现提供了更多可能。现在的室内设计应用了很多的计算机软件，如Photoshop、AutoCAD、3ds Max 以及SketchUp、酷家乐等，下面简单介绍后两种。

（1）SketchUp

SketchUp又被称为草图大师，是环境艺术设计专业经常使用的一款建模软件，主要分为室外建筑和室内设计两个部分。其制图的思路与3ds Max相似，需要建立模型后添加灯光、材质等素材再进行渲染出图。相比3ds Max来说，SketchUp的操作界面更加简单，文件占用内存小，建模速度较快，使用更加便捷，和其他软件都有很好的兼容性。根据SketchUp的特点，它的主要功能是可以随时快速生成模型，方便和客户进行沟通、修改设计方案。图1-3所示为使用SketchUp绘制的效果图。

（2）酷家乐

酷家乐上线于2013年，具有独特的产品理念。由于3ds Max、CAD这一系列专业设计软件的学习过程复杂，不容易开始，因此以室内设计师团队为基础，研发了酷家乐设计软件。它适合初学者学习，并且上手很快，出图的效果也好。酷家乐是以分布式并行计算和多媒体数据挖掘为技术核心，设计师通过在线搜取素材，创建空间墙体，增加细节，改善设计方案，其操作速度快于3ds Max和SketchUp。酷家乐致力于云渲染、云设计、BIM、VR、AR、AI等技术的研发，实现"所见即所得"的全景VR设计装修新模式，可以5分钟生成装修方案，10秒生成效果图，节约了大量的制图时间，现已成为大多数公司进行室内设计效果图制作的平台。针对大多数居住空间设计而言，酷家乐完全能够满足其制图要求，但缺点是在模型修改、大空间设

图1-2 手绘效果图（图片由鲁东东绘制）

图1-3 SketchUp效果图

图1-4 酷家乐效果图

计方面与3ds Max和SketchUp不同，其限制较多。图1-4所示为使用酷家乐绘制的效果图。

1.2 效果图风格

本书将效果图风格分为五种，分别是新中式风格、新古典主义风格、田园风格、现代简约风格、地中海风格。

1.2.1 新中式风格

新中式风格是把现代风格和传统中式风格相结合的一种装修风格。传统的中式风格过于追求传统文化元素，不能适应现代人们的生活习惯，所以将现代家居理念融入传统风格中。这种装修风格既能凸显传统文化的底蕴，也能具备现代家居理念，具有典雅和现代的艺术美感。

例如在实际的空间环境设计中，采用帷幔、窗棂、屏风等充满立体感和层次丰富的装饰，同时借助植物和灯光打破空间上的限制，让整个空旷的空间充满层次感和立体感，如图1-5所示。

1.2.2 新古典主义风格

新古典主义风格指的是设计师对欧式古典风格进行现代化的优化设计，在延续了欧式古典风格元素的基础上，又融入了现代元素的设计特点。传统古典主义风格主要分成英式和法式两种，拱门、罗马柱等都是主要元素，并且还使用了很多花纹装饰图案，如图1-6所示。

新古典主义风格在保留了传统古典主义装饰效果的同时，使用了简化的手法，简化了装饰的线条和家具的材料。同时保留了传统古典主义的色彩搭配，如白色、金色、黄色、深棕色是古典主义风格的主色调；罗马柱、蜡烛吊灯等装饰，可以给人大气、典雅的空间感受。整体来说，新古典主义风格能够让室内空间整体更加庄重，更加典雅，给人一种尊贵的感觉。

1.2.3 田园风格

田园风格又被称为乡土风格，主要表现的是乡村、田地特有的自然风格。田园风格突出的是自然的美丽，所以田园风格的装修材料全都是天然的，是带有一定程度乡村生活和艺术装饰题材的设计风格。

室内颜色多以奶白、象牙白为主，

图1-5 新中式风格效果图

能够给人营造一种自然、休闲的氛围；室内的家具以天然材料为主，例如藤、木或者石材等，可以营造自然、淳朴的氛围；而布艺则是以手工布艺为主，比如一些棉、麻，这也是优雅生活的一种体现，如图1-7所示。

图1-6　新古典主义风格效果图

图1-7　田园风格效果图

1.2.4　现代简约风格

现代简约风格是以简约为主的设计风格，在设计中保留最简单、最纯粹的部分，塑造简约又时尚的风格。简约主义源于20世纪初的西方现代主义，它提倡将设计的元素、色彩、照明、材料等简化到最少的程度，色彩搭配上清新优雅。

简约的现代风格在空间上讲究开放，不受承重墙的束缚，内外通透。在家具配置上，都会使用一些白亮光类的家具，与通透的室内环境相得益彰，营造时尚前卫的视觉感受，如图1-8所示。

图1-8　现代简约风格效果图

图1-9　地中海风格效果图

1.2.5 地中海风格

地中海风格兴起于人类文明的发源地之一——希腊雅典，将田园风格和自然的色调搭配到一起。地中海风格的常用设计元素：白水泥墙、连续多样的拱券、陶砖等。

在选色上主要采用的是高纯度的配色，接近自然、柔和的色彩。地中海风格的家具主要采用纯天然的木材和石头，搭配上具有肌理感的墙壁，线条简单，给人营造出一种古老、尊贵的田园气息，如图1-9所示。

1.3 课程的基本概念

计算机效果图设计与制作是高等职业学校建筑设计专业的一门应用型专业课程，也是建筑室内设计专业学生必修的一门专业核心课，是重要的技术操作类课程。本课程以软件3ds Max效果图为主线，探讨三维建模技巧与创作灵感要素以及室内设计表达能力。通过本课程的学习，读者可掌握室内设计中家装、公装的三维效果图的制作，并能将自己的设计灵感完美地表达出来，能胜任室内设计师的工作。

1.3.1 软件应用

本课程主要讲解3ds Max、VRay（V-Ray）和Photoshop三个软件，在室内外空间表现中这三个软件是缺一不可的。首先用3ds Max来完成模型的创建，进行材质、灯光的添加，如图1-10所示；其次使用V-Ray渲染器来制作效果图的整体效果，最终出图；最后将效果图导入Photoshop中进行后期的制作。

二维码1.1

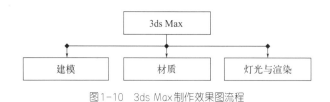

图1-10 3ds Max制作效果图流程

1.3.2 效果图制作流程

室内装修的流程如表1-1所示，电脑制作的效果图就是借鉴了室内装修工程的流程来制作的，如表1-2所示。

表1-1 装饰工程的装修流程

阶段	具体流程
原始结构的建立	创建墙体
	创建踢脚线

阶段	具体流程
原始结构的建立	创建窗户
	创建梁
	创建或导入门
装修项目的建立	创建吊顶： （1）划分空间，把整体空间划分为客厅、餐厅、门厅、廊道、玄关等区域 （2）确定做立面造型的高度
	在各个空间做造型： （1）客厅吊顶、电视墙、电视柜、沙发背景墙 （2）餐厅吊顶、酒柜 （3）门厅吊顶、鞋柜、隔断 （4）廊道吊顶 （5）玄关吊顶、玄关造型墙
家具的导入	导入家具及灯具，如沙发、茶几、餐桌、客（餐）厅吊灯等
添加软装饰	根据设计需要和自己电脑的配置情况导入软装饰来点缀场景中的物体，如窗帘、饰品、摆件、植物等

表1-2 电脑制作效果图流程

阶段	具体流程
创建模型	建模是效果图制作的第一步，首先要导入CAD，参照CAD来进行建模。模型可以有若干种创建方法，室内空间使用多边形建模的方式比较多，它能瞬间将由CAD创建的二维图形转化为三维的模型。3ds Max软件有助于用户深入了解室内空间中各个结构和平面方案之间的关系，在建模的同时，完成设计方案的进一步完善
设置摄影机	完成建模后需要为场景确定摄影机的视点，放置摄影机的方法非常简单，但如果要选择一个能表现主要特征的最优点却不容易。VRay摄影机创建完成后可以模拟真实摄影机，添加景深等效果，表现出较强的空间层次感和立体透视感
赋予材质和灯光	材质和灯光两者是密不可分的，材质要靠灯光来体现。只要具备材质的这两个最主要的构成因素，也就是基本参数和贴图的调整要到位，再配合灯光照明，就能营造出完美的空间氛围
渲染	渲染的时候要依据效果图的用途选用合适的渲染器，现在大多使用更接近真实效果的渲染器——V-Ray渲染器。渲染时要做的是调整图像质量、模型细节、材质质感、灯光参数
后期处理	为了得到更加符合实际的图像，要使用Photoshop对渲染出的图像进行后期处理，包括色彩调配、图像清晰度设置、为场景添加背景、修饰小面积的缺陷，以及效果图的整体调整

1.3.3 课程设计原则

计算机效果图设计与制作的课程安排见表1-3。

表1-3　计算机效果图设计与制作课程安排

序号	授课主题	课程内容	能力要求	参考课时
1	3ds Max 基础	（1）3ds Max 基础知识 （2）工作界面 （3）基础操作 （4）简单建模方法	基本体建模——凳子、石膏组合、组合书桌、圆桌、酒杯塔等	20
2	高级建模	（1）样条线建模 （2）修改器建模 （3）多边形建模	（1）创建飘窗、灯具、吊顶、中式隔断等模型 （2）合并场景文件 （3）分析导入CAD图纸	30
3	摄影机和VRay灯光	（1）客厅空间实例 （2）布置场景摄影机 （3）布置场景灯光	（1）场景摄影机的放置和调整 （2）布置场景环境光、室内主光源、筒灯、射灯、灯带	5
4	材质与贴图	（1）材质编辑器 （2）常用材质 （3）常用贴图	（1）主要材质的设置：墙面、地面 （2）其他材质：金属、玻璃、地毯、外景等	10
5	VRay渲染技术	（1）V-Ray渲染器选项卡 （2）间接照明选项卡 （3）设置选项卡	（1）设置渲染参数 （2）最终成品渲染	5
6	Photoshop后期处理	（1）调整亮度 （2）调整色彩 （3）调整清晰度 （4）添加背景环境	对效果图进行后期美化处理、图像调整和配景合成	5

课程授课形式为理论和实践相结合的方式，授课方式比较灵活多样。

（1）模块化教学手段

把教学案例训练制作成相应的课程模块，以典型案例作为课程载体，主要分为五大模块，每个模块都有具体的教学过程和实施过程，案例遵循先易后难、循序渐进的方式穿插在教学过程中。

模块化教学的优点在于对课程的优化。由于软件更新较快，工具和命令越来越多，需要学习的内容便过于复杂；而进行模块化教学后，对知识进行了重构，减轻了学生的学习负担，使学生有针对性地学习。

（2）案例式教学法

将实际生活中的案例引入到课程中，可以激发学生的兴趣，培养学生的实践能力和创新能力，提前让学生熟悉毕业后进入企业的工作内容。

（3）采用信息化教学平台

除了采用常规的讲授方式外，学生还可以在课下使用MOOC学院平台来进行本课程的学习，实现随时随地学习。

教师可运用课程录播、VR模拟现场教学等手段，将课程录制完毕并通过后期剪辑上传到信息化平台，此外还设置了很多互动环节，方便为学生答疑解惑。这样可以实现更好的教学效果，弥补学校课堂教学的不足。

2

3ds Max初识

知识目标

- 了解 3ds Max 可以用来做什么；
- 熟悉 3ds Max 的工作界面；
- 熟练使用 3ds Max 几何体建模。

素质目标

- 培养学生分析和解决问题的能力；
- 培养学生创新意识；
- 提高学生的设计水平和艺术鉴赏能力。根据课程的教学内容，结合专业经典设计案例以及与教学内容关联度较高的时事新闻，师生共同讨论感受和感悟，培养学生的职业道德。

学习重点

3ds Max 的操作界面；3ds Max 的常用工具；3ds Max 的常用操作。

评分细则

序号	评分点	分值/分	得分条件	判分要求
1	3ds Max的基础知识	10	熟悉、掌握基本操作	创建简单几何体
2	工作界面	10	按照要求调整、切换视图	可以用快捷键快速切换视图
3	简单建模方法	10	根据要求创建简单模型	允许一定的创意发挥

本章主要介绍 3ds Max 界面以及常用的建模方法，通过实例制作展开学习内容，通过实例练习使读者学习并掌握基本的建模方法，如用基本体建模完成小板凳、酒杯塔、组合书桌等案例的制作。

2.1　3ds Max概述

Autodesk公司出品的3ds Max是世界顶级的三维制作软件之一，由于它强大的功能，其从诞生以来一直受到设计者的喜爱。且Autodesk公司对3ds Max进行升级后，其功能变得更加强大。

3ds Max在模型塑造、场景渲染、动画及特效等方面都能制作出高品质的对象，这也使其在插画、影视动画、游戏、产品造型和效果图等领域中占据领导地位，成为全球最受欢迎的三维制作软件之一，如图2-1所示。

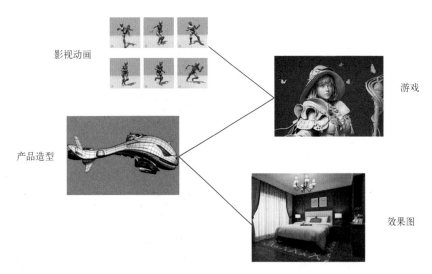

影视动画

游戏

产品造型

效果图

图2-1　软件擅长的领域

软件各版本之间有兼容问题，即低版本的软件打不开高版本创建的文件。但是需要注意的是，版本越高，软件占电脑内存越大，安装速度越慢；高版本还增加了很多不常用的命令，甚至一些重复的命令，不够经典。因此，高版本适合具有更广泛需求的人群去使用。

那么如何确定自己的电脑是否能"带动"软件？下面将介绍对软件性能影响比较大的几个硬件：CPU、显卡、内存、硬盘，如表2-1所示。

表2-1　软件对电脑配置的要求

硬件	要求
CPU	建议选择intel的CPU，目前设计行业的软件大部分都是针对intel的CPU来做的优化，因此其兼容性比AMD的处理器要好
显卡	显卡的显存要求最低4GB，建议6GB起步，最好选择8GB或者更高。建议选择NVIDIA（英伟达）出品的显卡，行业俗称N卡（AMD显卡俗称A卡）。目前设计行业的软件大部分都是针对N卡来做的优化，兼容性比AMD显卡更好，N卡稳定性和整体性能也比AMD显卡更好一些
内存	要求16GB起步，建议32GB，64GB更好。内存的频率高一些，空间不能少于40GB（要求不高）
硬盘	固态硬盘接口类型包括SATA和M2接口，又分为AHCI和NVMe两种协议，现在主流主板都是NVMe协议的M2接口。AHCI协议就是与SATA一样的数据通道，最大带宽为6Gbps；NVMe协议通过PCIe总线数据与CPU直连，带宽可达32Gbps。也就是说，NVMe协议的固态硬盘在速度上会更快

2.2 3ds Max工作界面

　　3ds Max的工作界面由标题栏、菜单栏、工具栏、命令面板（创建命令面板、修改命令面板）、视图区域、提示栏和坐标显示栏、动画控制区（用于制作动画）和视图导航控制区等组成。主要应用的有菜单栏、工具栏、命令面板、视图区域、提示栏和坐标显示栏、视图导航控制区。

　　安装好软件后，可以通过以下两种方法来打开软件。

　　第一种：双击桌面图标 。

　　第二种：执行"开始→所有程序→Autodesk 3ds Max 2016→3ds Max 2016"，如图2-2所示。

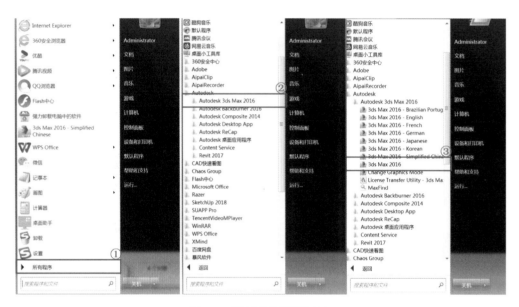

图2-2　打开软件的第二种方法

　　打开后，界面如图2-3所示。

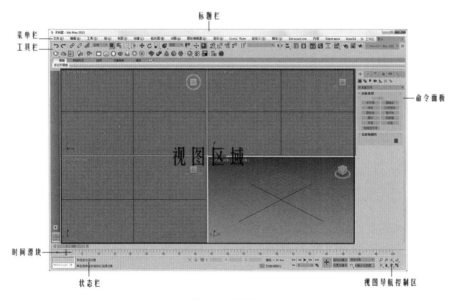

图2-3　软件界面

2.2.1　标题栏

3ds Max的标题栏位于界面的最顶部。标题栏包含当前编辑的文件名称、软件版本信息。

2.2.2　菜单栏

菜单栏位于工作界面的上端，包含"文件""编辑""工具""组""视图""创建""修改器""动画""图形编辑器""渲染""自定义"和"帮助"等菜单，如图2-4所示。

文件(F)　编辑(E)　工具(T)　组(G)　视图(V)　创建(C)　修改器(M)　动画(A)　图形编辑器(D)　渲染(R)　Civil View　自定义(U)　脚本(S)　Interactive　内容　帮助(H)

图2-4　菜单栏

（1）文件

单击"文件"会弹出一个用于管理场景文件的下拉菜单，这个菜单包括"新建""重置""打开""保存""另存为""导入""导出""发送到""参考""管理""属性"和"最近使用的文档"等常用命令，如图2-5所示。部分命令的详解，如表2-2所示。

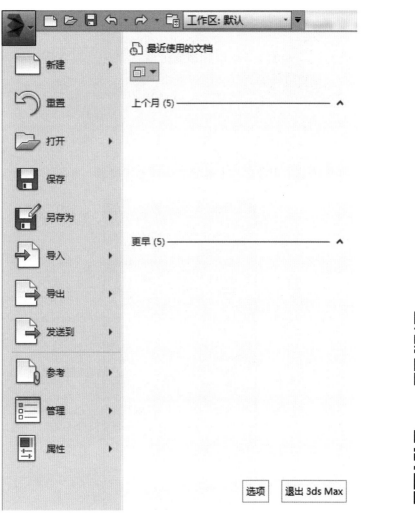

二维码2.1

二维码2.2

图2-5　3ds Max的"文件"

表2-2　"文件"命令工具列表

名称	功能说明
新建	该命令用于创建场景
重置	执行该命令可以清除所有数据,并重置设置(视口配置、捕捉设置、材质编辑器、视口背景图像等)
打开	该命令用于打开场景,包含两种方式(打开和打开最近)
保存	执行该命令可以保存当前场景
另存为	执行该命令可以将当前场景文件另存一份,包含四种方式
导入	把除3ds Max文件格式以外的文件导入到当前场景,比如DWG格式
合并	将其他场景中的物体或组导入到当前场景中,仅支持3ds Max文件
导出	该命令可以将场景中的几何体对象导出为各种格式的文件
参考	该命令用于将外部的参考文件插入到场景中,以供用户进行参考
资源追踪	执行该命令可以检入和检出文件、将文件添加至资源追踪系统以及获取文件的不同版本等

知识小讲堂

1. 新建和重置的区别:重置比新建更加彻底。新建只是建立新的用户界面,而重置在新建的基础上,将参数和材质编辑器等数据和命令都清除。

2. 导入和合并的区别:这两个命令可以加载或合并当前场景文件以外的几何体文件,导入是把除3ds Max之外的软件创建的文件导入到当前场景中,而合并是只能把3ds Max创建的文件导入到当前场景中。

(2)编辑

"编辑"菜单下是一些编辑的常用命令,大部分命令都有快捷键,如图2-6所示。

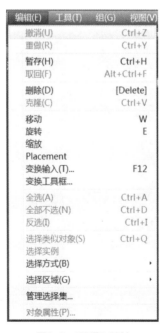

图2-6　"编辑"菜单

（3）组

"组"命令可以将场景中的多个对象组成一个组，或者把一个组拆成多个对象，如图2-7所示。"组"工具列表的部分命令的作用，如表2-3所示。

组(G)	视图(V)	创建(C)

组(G)...
解组(U)

打开(O)
按递归方式打开(R)
关闭(C)

附加(A)
分离(D)

炸开(E)

集合　　　　　　▶

图2-7 "组"菜单

表2-3 组工具列表

名称	功能说明
组	把一个物体或者多个物体组成一个组
解组	将选中的组打开至前一级的物体或者组
打开	把组临时打开，用来修改组中的个体，修改完成后关闭组
关闭	选中打开组的任何一个单位，点击"关闭"，又重新回到之前的组
附加	选择一个对象以后，点击"附加"，然后单击组对象，可以将选定的对象添加到组中
分离	把个体在整体中分离 操作步骤：先打开整体，选中个体，点击"分离"，再关闭整体
炸开	把选中的组分解到最小的组成单位

2.2.3 工具栏

工具栏中集合了最常用的一些编辑工具，图2-8所示为默认状态下的工具栏。有些工具的右下角有一个三角形图标，单击该工具不放就会弹出下拉工具列表。以"缩放"为例，单击"缩放"按钮不放就会弹出缩放工具列表，如图2-9所示。工具栏的命令详解如表2-4所示。

图2-8 工具栏

图2-9 缩放工具列表

二维码2.3

表2-4　工具栏工具列表

工具按钮	名　称	用　途	使用方法
	选择过滤器	使用选择过滤器可以选择同一类型的对象 二维码2.4	较大的场景中，物体类型非常多，要想选择隐藏的物体很难，而用过滤器过滤掉不需要选择的物体，就容易多了
	选择对象	最重要的工具之一，在场景中选择对象 二维码2.5	1. 点选：在线框模式下，只有点击线框才会选中物体，如果是平滑高光显示模式，点击任一线和面都可以被选中 　2. 连选：Ctrl+ 鼠标左键，连续选择对象 　3. 排除选择：Alt+ 鼠标左键 　4. 圈选：按住鼠标左键拖动鼠标，就会出现虚线选区，圈选要配合交叉窗口工具▣来使用
	窗口选择切换	配合选择区域命令使用	窗口/交叉按钮：按下去后圈选的物体只有全部都在范围内才可以被选中。这样做可避免误选物体，一般情况下都是在交叉下进行选择
	交叉选择切换		
	选择并移动工具	选择并移动物体 二维码2.6	精确移动：在"选择并移动"工具上点击右键。出现对话框。"绝对：世界（Absolute:World）"是选中的物体在场景中的绝对位置坐标（和坐标显示栏是一样的）。"偏移：屏幕（Offset：Screen）"是物体相对于自身现在位置将要移动的距离。（+、−区分坐标轴的正负）
	选择并旋转工具	选择并旋转物体 二维码2.7	要旋转被选物体时，将鼠标移到旋转坐标轴上，按住左键不放进行移动，可实现物体在该视图中顺时针和逆时针旋转。 　精确旋转：在旋转工具上点击右键，出现对话框。"绝对：世界（Absolute：World）"是指选中物体在场景中的绝对角度。"偏移：屏幕（Offset：Screen）"是指物体相对于自身现在角度旋转的角度。在"偏移：屏幕"栏"Z"后面输入要旋转的角度并按回车键，物体在该视图当中按顺时针或逆时针旋转输入的角度
	选择并缩放工具	提供了更改对象大小的三种工具 二维码2.8	要缩放被选物体时，将鼠标移到缩放坐标轴的第二圈，该圈变黄，按住左键不放进行移动，可实现物体的均匀缩放。 　不均匀缩放▦和均匀缩放▩的区别：均匀缩放是整体缩放，不均匀缩放是分X、Y、Z三个轴方向进行精确缩放。 　精确缩放：在缩放工具上点击右键，出现对话框。"绝对：局部（Absolute：Local）"是选中物体在场景中的绝对缩放比例。"偏移：屏幕（Offset：Screen）"是物体相对自身现在大小的缩放比例

工具按钮	名 称	用 途	使用方法
	捕捉开关	配合使用"选择并移动"工具实现物体的精确移动 二维码2.9	捕捉工具：左键按住捕捉开关不放，出现下拉菜单，包含了三种类型，分别是"2倍捕捉""2.5倍捕捉""3倍捕捉"。室内设计中应用最多的捕捉方式是2.5倍捕捉，用途是在创建几何体或图形时配合使用"选择并移动"工具，吸附到邻近的物体上。捕捉工具的快捷键为S。 右键点击捕捉开关，弹出"栅格和捕捉设置"对话框，"捕捉"栏中，可选择捕捉的对象
	角度捕捉切换	配合使用"选择并旋转"工具实现物体的旋转 二维码2.10	在角度捕捉切换按钮上单击右键，弹出捕捉设置，设置捕捉角度，默认捕捉角度是5°。打开角度捕捉的情况下利用旋转工具手动旋转，物体会按角度捕捉中设置的角度来旋转
	镜像	实现物体的水平翻转 二维码2.11	选择要镜像操作的物体，点击镜像工具，出现镜像的对话框。镜像轴为 X 轴时，物体是在当前视图中横向翻转；镜像轴为 Y 轴时，物体是在当前视图中纵向翻转。偏移距离为镜像操作后物体移动的距离（轴心之间的距离），勾选"复制"选项，可以镜像操作出多个副本对象
	对齐工具	可以将当前对象和目标对象对齐 二维码2.12	右键点击对齐工具，在对齐设置中，对齐位置要先选中一个坐标轴，去掉其他轴，切记一次勾选一个坐标轴进行对齐
	撤销	撤销上一步操作 二维码2.13	单击撤销命令可以撤销上一步操作，也可以选择使用快捷键来进行撤销操作

2.2.4　视口设置

（1）视图区域

视图区域有四个视图，默认为顶视图（top）、前视图（front）、左视图（left）、透视图（perspective）。

顶视图是从场景上方俯看对象，左视图和前视图分别从场景的正左方和正前方观察对象，透视图显示的是场景的3D立体效果，如图2-10所示。

这四个视图可以相互转换，转换的两种方法如下。

① 在每个视图左上角视图名称上单击右键，在视图栏里可以把当前视图修改为其他视图。

② 使用快捷键更换视图。各视图对应的快捷键为顶视图——T、前视图——F、左视图——L、透视图——P。

新建场景后，在视图区域会看到很多的网格，这些网格被称作栅格，绘制直线或创建模型时可以起到参照作用，但作用不大，还会影响建模。按G键就可以将栅格隐藏。

（2）物体显示模式

单击视图左上角显示按钮，在弹出的下拉菜单中可以选择该视图中的物体显示模式，常用"真实""线框"和"边面"三种模式，如图2-11所示。

除透视图默认为"真实"显示模式以外，其他三视图均默认为"线框"模式。

"边面"模式是"真实"和"线框"模式共存的显示模式。更换方式为先把显示模式变为"真实"，再选择"边面"。显示模式不是"真实"时，"边面"显示模式不能被激活。

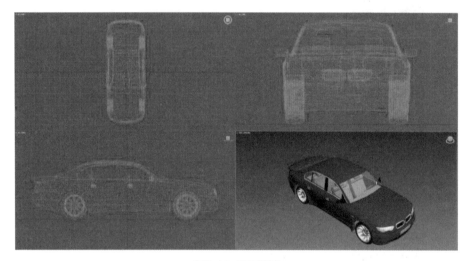

图2-10 四个视图　　　　　　　　　　　　　图2-11 显示模式菜单

2.2.5 视图导航控制区

视图导航控制区位于界面的右下角，当前视图为除透视图和摄影机视图的其他视图的时候，有8种工具，如图2-12（a）所示。

当前视图为透视图时，"缩放区域"工具变为"视野"工具，其他工具不变，如图2-12（b）所示。

当前视图为摄影机视图时，有"推拉摄影机""透视""侧滚摄影机""所有视图最大化显示选定对象""视野""平移摄影机""环游摄影机""最大化视口切换"8种工具，如图2-12（c）所示。

视图导航控制区的9个按钮功能详解，如表2-5所示。

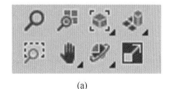

(a)

(b)

(c)

图2-12 视图导航控制区

表2-5　视图导航控制区按钮的功能

工具按钮	名　称	功能说明
	缩放	选中此工具，在当前视图中点击鼠标左键不放，上下移动鼠标，可实现对当前视图的缩放操作，也可以滚动鼠标滚轮完成操作
	缩放所有视图	放大/缩小所有视图的区域
	最大化显示	最大化显示选中视图场景中的所有物体
	所有视图最大化显示	在所有视图中最大化显示场景中所有物体，即场景中所有物体都在视图范围内，也可以用快捷键Ctrl+Shift+Z完成操作
	视野	当前视图为透视图时，缩放区域工具变成视野工具，用于调整视线的夹角，但视野过大时会使透视图内物体变形
	平移视图	选中此工具，在当前视图中点击鼠标左键不放，移动鼠标，可实现对当前视图的平移操作；也可以按住鼠标滚轮不放，移动鼠标完成操作
	环绕	选中此工具，当前视图会出现环绕坐标，旋转时通过鼠标点击坐标或左右、上下点拖动进行操作，快捷操作：按Alt+滚轮，拖动鼠标
	最大化视口切换	点击此工具，可实现当前视图单视图和四视图之间的切换，默认快捷键为Alt+W
	缩放区域	选中此工具，按住鼠标左键不放，圈选要放大的区域后松开鼠标，被圈区域在该视图中得到最大化显示

2.2.6　命令面板

命令面板非常重要，场景中模型的创建和修改都要使用命令面板中的命令进行操作。命令面板由6个面板组成，要切换这6个面板，单击命令面板顶部的选项卡即可，如图2-13所示。

（1）创建命令面板

创建命令面板可以创建7种对象，如图2-14所示。创建命令面板的这7种对象详解，如表2-6所示。

表2-6　创建命令面板对象种类

工具按钮	名　称	功能说明
	几何体	创建几何体
	图形	用来创建样条线和二维图形
	灯光	用来创建场景中的灯光
	摄影机	主要用来创建场景中的摄影机
	辅助对象	定位、测量场景中的对象
	空间扭曲	使用此功能可以在围绕其他对象时产生各种不同的扭曲效果
	系统	可以将对象、控制器组合在一起，提供与某种行为相关的几何体，也包含了场景中的阳光系统和日照系统

（2）修改命令面板

修改命令面板是最重要的面板之一，该面板里的修改器主要用来修改场景中的对象参数和形体，修改命令面板中的修改器全部都来自菜单栏中的修改器，如图2-15所示。

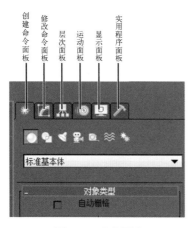

图2-13 命令面板

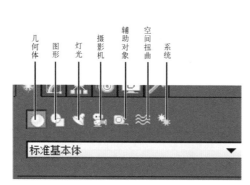

图2-14 创建命令面板

图2-15 修改命令面板

知识小讲堂

配置修改器集的方法如下：

① 点击"配置修改器集"，在下拉菜单中勾选"显示按钮"，如图2-16所示。

② 点击下拉菜单中的"配置修改器集"，在弹出的对话框中，选择按钮数量，将左侧的修改器拖到右侧空白按钮上，如图2-17所示。设定好后点击"确定"。

图2-16 配置修改器集步骤1

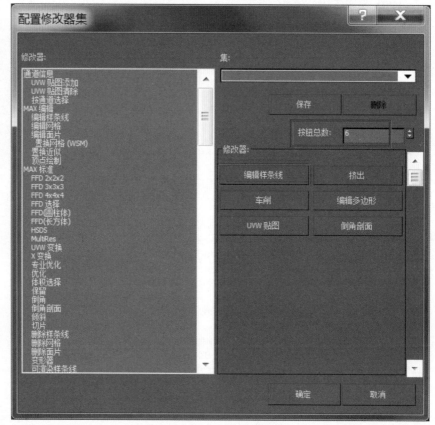

图2-17 配置修改器集步骤2

2.3 基础操作及建模方法

在使用3ds Max制作模型前需要对软件进行设置，比如设置单位、快捷键、自动备份等，可以在建模时节省很多时间。

2.3.1 单位设置

进行建模前首先要设置单位，为后续工作做准备，否则后期导入家具时尺寸和比例会不相符。点击菜单栏的"自定义"，在下拉菜单中找到"单位设置"。

设置单位需要两步，首先在弹出的对话框中修改系统单位比例为公制毫米；然后点击"系统单位设置"，该对话框默认单位是毫米，两种单位设置要相同，如图2-18所示。

2.3.2 自动备份设置

由于软件占计算机内存比较大，对计算机配置要求较高，场景过于复杂会造成计算机卡顿或死机，这个时候如果没有及时保存会造成文件的丢失，因此自动备份就显得尤为重要。

点击菜单栏的"自定义"，在下拉菜单中找到"首选项"，弹出对话框，切换为"文件"选项卡，勾选"启用"自动备份，按自己的需要设置备份间隔的时间，如图2-19所示。设置自动备份时间数值为30，即每30分钟自动保存一次。自动备份保存的路径为"C:Users\Administrator\Documents\3ds Max\autoback"。

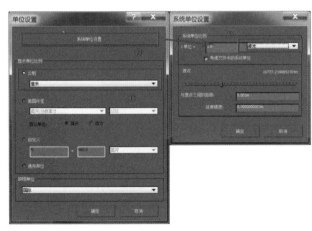

图2-18 设置单位

图2-19 设置自动备份

2.3.3 建模方法

标准基本体建模是3ds Max建模中常用的工具，也是最基础的建模方法。标准基本体包括"长方体""球体""圆锥

二维码2.14

二维码2.15

体""圆柱体"等，如图2-20所示。

长方体是在建模时常用的基本体，参数如图2-21所示。长方体的基本参数为长、宽、高，在不同的视图这三个参数有所差异。

图2-20 创建基本体

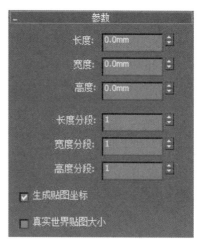

图2-21 参数设置

案例训练2-1 制作小板凳

制作如图2-22、图2-23所示的小板凳效果图。

【练习目的】

掌握基本的建模方法。

【操作要求】

创建长方体并对参数进行修改。

【案例训练实施】

图2-22 小板凳效果图1

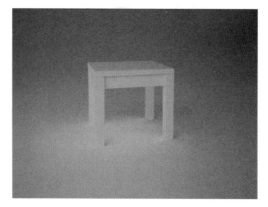

图2-23 小板凳效果图2

二维码2.16

（1）在"创建"面板中单击"长方体"按钮，然后在顶视图中创建一个长方体，在命令面板中单击"修改"，进入"修改"面板，然后在"参数"卷展栏下设置"长度200mm""宽度200mm""高度15mm"，如图2-24所示。

（2）在顶视图中继续创建一个长方体，然后在"参数"卷展栏下设置"长度20mm""宽度20mm""高度200mm"，如图2-25所示。

（3）将上一步创建的长方体进行复制，摆放在其他三个角上，如图2-26所示。

（4）最终建模完成图如图2-27所示。

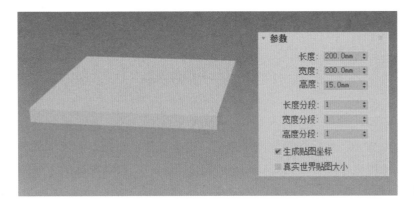

图2-24　绘制凳子面

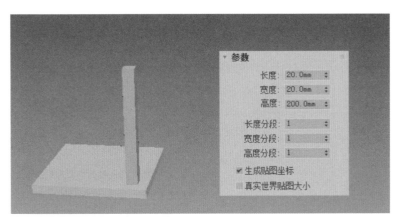

图2-25　绘制凳子腿

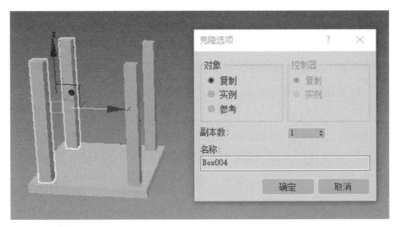

图2-26　复制凳子腿

图2-27　案例训练2-1最终建模完成图

案例训练2-2　制作石膏组合

制作如图2-28所示的石膏组合效果图。

【练习目的】

掌握基本的建模方法。

【操作要求】

创建几何体并对参数进行修改。

【案例训练实施】

（1）在"创建"面板中单击"长方体"按钮，然后在顶视图中创建一个长方体，在命令面板中单击"修改"，进入"修改"面板，在"参数"卷展栏下设置"长度40mm""宽度40mm""高度40mm"，如图2-29所示。

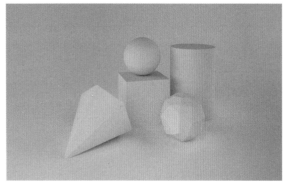

图2-28　石膏组合效果图

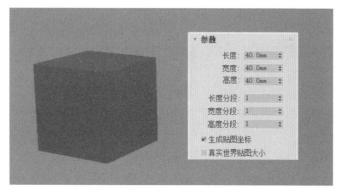

图2-29　创建长方体

（2）在"创建"面板中单击"球体"按钮，然后在顶视图中创建一个球体，在命令面板中单击"修改"，进入"修改"面板，在"参数"卷展栏下设置"半径18mm""分段24"，如图2-30所示。

（3）在"创建"面板中单击"几何球体"按钮，然后在顶视图中创建一个几何球体，在命令面板中单击"修改"，进入"修改"面板，在"参数"卷展栏下设置"半径18mm""分段2"的八面体，如图2-31所示。

（4）在"创建"面板中单击"圆柱体"按钮，然后在顶视图中创建一个圆柱体，在命令面板中单击"修改"，进入"修改"面板，在"参数"卷展栏下设置"半径20mm""高度60mm""边数18"，如图2-32所示。

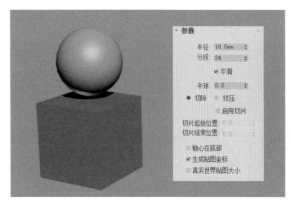

图2-30　创建球体

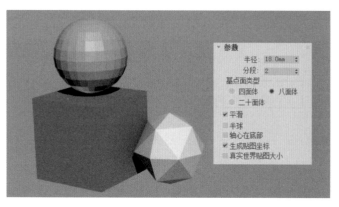

图2-31　创建几何球体

（5）在"创建"面板中单击"圆锥体"按钮，然后在顶视图中创建一个圆锥体，在命令面板中单击"修改"，进入"修改"面板，在"参数"卷展栏下设置"半径1为25mm""高度50mm""边数7"，关掉"平滑"，如图2-33所示，石膏组合的建模完成。

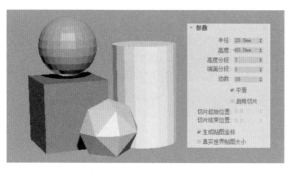

图2-32　创建圆柱体

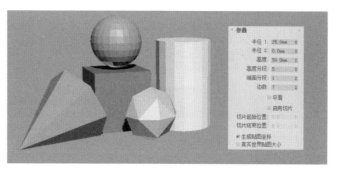

图2-33　创建圆锥体

案例训练2-3　摆放酒杯塔

制作如图2-34所示的酒杯塔效果图。

【练习目的】

掌握基本的建模方法。

【操作要求】

使用"选择并移动"工具的移动复制功能制作酒杯塔。

【案例训练实施】

二维码2.17

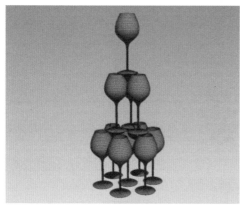

(a) 线框图片

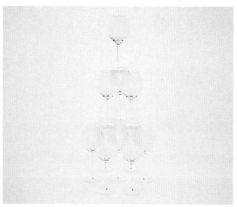

(b) 效果图片

图2-34　酒杯塔效果图

（1）打开本书学习资源中的"场景文件→CH2→酒杯.max"文件。

（2）在主工具栏中单击"选择并移动"工具，然后按住Shift键在顶视图中将酒杯沿着X轴、Y轴进行复制，在弹出的对话框"克隆选项"中选择对象为"复制"，最后单击"确定"按钮，如图2-35所示。

（3）选择中间的酒杯，在前视图中按住Shift键，沿Y轴方向向上进行复制，接着在弹出的对话框中设置复制数量为3，单击"确定"按钮，如图2-36所示，效果如图2-37所示。

（4）再继续向上复制一个酒杯到第三层，酒杯塔完成模型如图2-38所示。

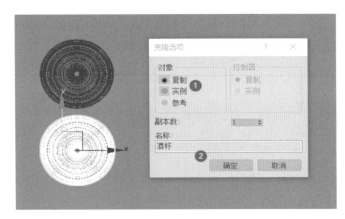
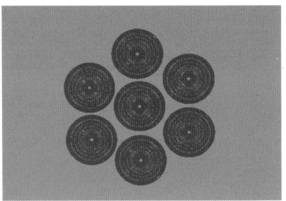

图2-35　移动复制最底层酒杯

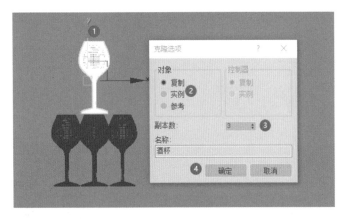

图2-36　移动复制第二层酒杯

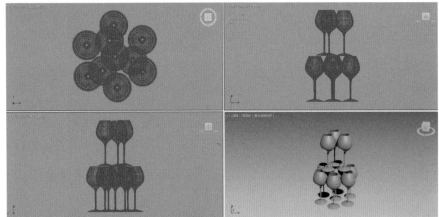

图2-37　第二层酒杯完成图

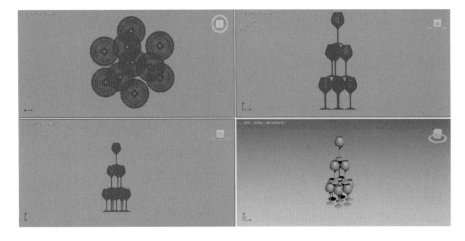

图2-38　第三层酒杯完成图

知识点讲解

复制对象的方法有两种，原地复制和使用"选择并移动"工具进行复制。

① 原地复制：快捷键Ctrl+V，将选中的对象原地复制。

② 移动复制：使用"选择并移动"工具 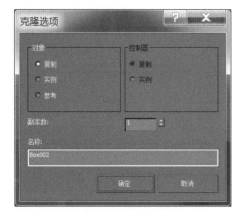，配合键盘上Shift键，移动复制对象到相应的位置，松开Shift键和鼠标会弹出对话框，如图2-39所示。也可以使用"选择并旋转"工具配合键盘上Shift键，执行的是旋转并复制命令。

复制物体的选项："实例"和"复制"的区别在于，"实例"也叫作"关联复制"，"实例"的物体更改其中任何一个的参数其他物体都会变化，而"复制"则不是。断开"实例"物体与被选物体的关联，可点击"修改"命令面板的"使唯一"按钮，这样"实例"物体只对自身"修改"命令面板中的参数修改起作用。

图2-39　复制命令菜单

案例训练2-4　用长方体制作组合书桌

制作如图2-40所示的组合书桌效果图。

【练习目的】

掌握基本的建模方法。

【操作要求】

使用"选择并移动"工具、"选择并旋转"工具制作桌子。

二维码2.18

【案例训练实施】

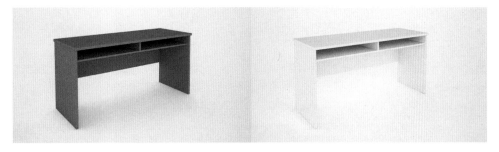

图2-40　组合书桌效果图

提示：创建模型前要进行单位设置，如图2-41所示。（"单位设置"对话框打开方式：菜单栏→自定义→单位设置）

（1）在"创建"面板中单击"长方体"按钮，然后在顶视图中拖拽鼠标创建一个长方体，如图2-42所示。

（2）在命令面板中单击"修改"，进入"修改"面板，然后在"参数"卷展栏下设置"宽度1500mm""长度600mm""高度25mm"，如图2-43所示。

图2-41 单位设置步骤

（3）使用"长方体"在顶视图中创建一个长方体，然后设置参数"长度700mm""宽度600mm""高度25mm"，如图2-44所示。

（4）复制长方体，使用"2.5倍捕捉工具" ，单击右键，设置捕捉对象为顶点，如图2-45所示。配合使用"选择并移动"工具 ，进行移动对齐，移动到如图2-46所示位置。

图2-42 绘制长方体桌板

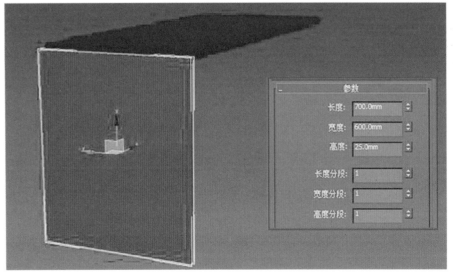

图2-44 绘制长方体侧板

图2-43 长方体参数设置

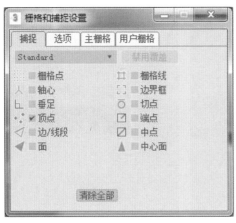

图2-45 捕捉设置

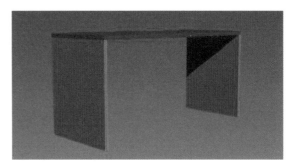

图2-46 制作另一边侧板

（5）在顶视图中，使用"2.5倍捕捉工具" ，捕捉对象为顶点，捕捉四个点，绘制长方体，如图2-47所示。在"修改"命令面板的"参数"卷展栏下设置高度为25mm，右键单击"选择并移动"工具 ，设置"偏移：屏幕" Y轴=-150，如图2-48所示。

图2-47 捕捉四个顶点

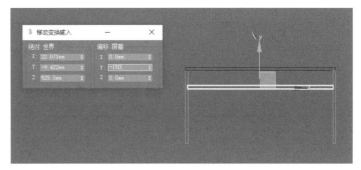

图2-48 制作桌子隔板

（6）在左视图中，使用"2.5倍捕捉工具" ，捕捉对象为顶点，捕捉四个点，如图2-49所示，绘制长方体，设置厚度为25mm，位置如图2-50所示。

（7）在前视图中绘制长方体，位置如图2-51所示，使用"2.5倍捕捉工具"对齐。

（8）最终书桌建模完成图如图2-52所示。

图2-49 制作隔层隔板

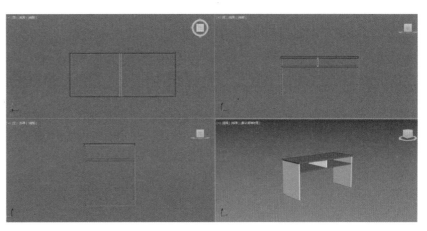

图2-50 隔层隔板完成图

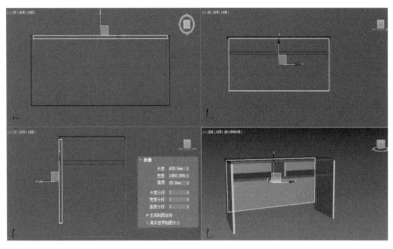

图2-51 完成桌子剩余结构

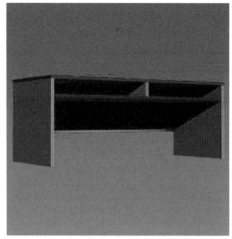

图2-52 案例训练2-4最终建模完成图

知识点讲解

对齐工具■：使两条线重叠排成一条线，在对齐位置中，只能选中一个坐标轴，去掉其他轴，切记一次勾选一个坐标轴进行对齐。

选择锁定切换🔒：快捷键为空格，打开后就不会选中已选中物体之外的其他物体。

对齐的两种方法：

（1）使用对齐工具对齐。

（2）用"2.5倍捕捉工具"🔳对齐。

① 选中要对齐的物体。

② 打开"选择锁定切换"🔒工具，快捷键为空格。

③ 右键点击"2.5倍捕捉工具"，选择捕捉的对象。点击"选项"，勾选"使用轴约束"，打开"2.5倍捕捉工具"。

④ 鼠标选定坐标轴约束轴，选定的坐标轴变为黄色。

⑤ 把鼠标移动到被选物体要对齐的部分至显示捕捉标记，向目标物体部分拖动，出现捕捉标记即可松开左键，对齐完成。

⑥ 关闭"选择锁定切换"🔒，关闭"2.5倍捕捉工具"🔳。

学后训练 用圆柱体制作圆桌

本案例用到的命令有圆柱体工具、移动复制功能、模型和线框效果，如图2-53所示。

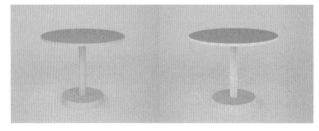

图2-53 圆桌效果图

3

高级建模

知识目标

- 掌握编辑样条线命令的使用方法；
- 掌握常用修改器的基础知识；
- 掌握编辑多边形命令的使用方法。

素质目标

- 培养学生分析和解决问题的能力；
- 培养学生创新意识；
- 提高学生的自学能力。

学习重点

运用软件中的常用建模技术制作出想要的模型，熟悉建模方法。

评分细则

序号	评分点	分值/分	得分条件	判分要求
1	编辑样条线	10	熟悉、掌握基本操作	创建矿泉水瓶、高脚杯等图形
2	常用修改器	10	熟悉常用修改器的使用方法	可以制作出简易的家具模型
3	编辑多边形	10	根据要求完成一个房间的建模	允许一定的创意发挥

　　这一章主要讲解的是样条线建模、多边形建模和修改器建模，其中多边形建模应用非常广泛，建模速度快，用标准几何体无法创建的模型都可以使用多边形来进行创建。样条线建模是使用样条线绘制二维图形，再通过修改器把二维的图形转变成三维的模型。讲解完本章后需要完成八个案例训练和一个学后训练：矿泉水瓶、齿轮、中式隔断、置物架、罗马柱、吊灯、吊顶、飘窗、户型图等。

3.1　样条线建模

在命令面板中的"创建"命令面板，点击"图形"，然后选择"样条线"，有12种不同的二维图形，如图3-1所示。本节知识概要如表3-1所示。

表 3-1　本节知识概要

知识名称	主要作用	重要程度
线	建模中最常使用的样条线	重点
矩形	绘制矩形，在创建时按住 Ctrl 键可绘制正方形	中等
圆	绘制圆形	中等
椭圆	在创建时按住 Ctrl 键可绘制圆形	中等
文本	创建文本图形	中等
螺旋线	创建螺旋线	中等

3.1.1　线

图3-1　样条线建模

线是二维图形建模中最常用的样条线，确定起始点后可以根据模型的轮廓来随意绘制线。使用方法为：点击"创建→图形→线"，默认"创建方法"栏"初始类型"为"角点"，"拖动类型"为"Bezier"。线创建完成后点击两下右键可以使工具复位，顶点的四个类型为Bezier角点、Bezier、角点、平滑，这四个顶点的区别如表3-2所示。

表 3-2　顶点类型列表

知识名称	主要作用
Bezier角点	拥有左右两个摇柄，移动一个另一个不动，可以使样条线变平滑
Bezier	拥有左右两个摇柄，移动一个另一个一起动，使样条线变圆滑
角点	没有摇柄，绘制的线和线之间角度是尖锐的
平滑	没有摇柄，但能使样条线变成弧线

二维码3.1

注意：不需要曲线的地方，要把顶点类型转变为角点。

使用小技巧

（1）按住键盘Shift键画直线时，所绘制的线为水平或者垂直的。

（2）创建线的过程中，按键盘的退格键（Backspace）可以按顺序连续消除所创建的顶点。

（3）按住Ctrl键，所创建的矩形和椭圆形可变为正方形和圆形。

（4）所有二维的物体都可以改成可渲染二维物体，"创建→图形→线或其他的二维图形"再回到"渲染"卷展栏下，勾选"在渲染中启用""在视口中启用"。

① "径向"是指截面是圆形，在"厚度"后面输入渲染线的直径。

② "矩形"是指渲染的截面是矩形，可输入矩形的长和宽。

3.1.2　编辑样条线

为了满足建模的需求，会将绘制好的样条线进行修改。

将样条线转换为可编辑的样条线的两种方法：

① 选中所创建的二维物体，点击"修改命令面板→编辑样条线"。

② 用线所画的二维物体不用加载"编辑样条线"命令，其默认修改参数就是"编辑样条线"。

将样条线转换成可编辑的样条线后出现卷展栏，如图3-2所示。本小节的知识概要如表3-3所示。

表3-3　本小节知识概要

知识名称	主要作用	重要程度
顶点	可以对样条线的顶点进行编辑	重点
线段	可以对样条线两个顶点之间的线段进行修改	中等
样条线	对整个样条线进行修改	中等

"几何体"卷展栏是编辑样条线的修改工具，如图3-3所示。编辑样条线的修改命令功能说明和使用方法如表3-4所示。

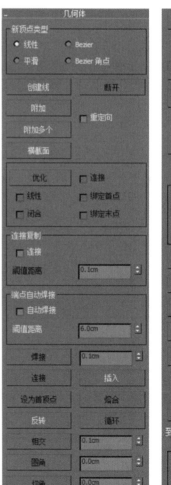

图3-2　编辑样条线参数卷展栏　　　　图3-3　编辑样条线"几何体"卷展栏

表 3-4　编辑样条线修改命令列表

名称	功能说明	使用方法
断开	在"顶点"级别下使用，选定一条样条线上的顶点，使用该命令可以让顶点断开，一条样条线拆分成两条	选择一个顶点，点击"修改→编辑样条线→几何体→断开"，被选中的顶点则被分为两个完全重叠的顶点
附加	将其他的样条线附加到所选样条线	选择一个样条线，点击"修改→编辑样条线→几何体→附加"；再选择需要附加的样条线，则两个样条线变成一个样条线
附加多个	将由样条线组成的二维图形附加到所选样条线	单击该命令会弹出"附加多个"对话框，该对话框里包含了场景中的所有二维图形
优化	在"分段"级别下使用，可以在被编辑的分段上添加顶点。顶点越多，线段就越平滑，但会增加渲染的时间	选择"编辑样条线"层级下的"分段"，选择需要优化的分段点击"修改→编辑样条线→几何体→优化"就可以在所选分段上增加顶点了
焊接	在"顶点"级别下使用，同一条样条线上的两个端点焊接成一个顶点	同时选中两个要焊接的顶点，点击"修改→编辑样条线→几何体→焊接"则在焊接距离内的两个被选中的顶点被焊接成一个顶点。注意：被焊接的顶点必须在同一条样条线上，端点只能和端点焊接
连接	在"顶点"级别下使用，两个端点之间连接一条直线	点击"修改→编辑样条线→几何体→连接"，点击一个端点再点击另一个需要连接的端点即生成一个线性的线段
圆角	在"顶点"级别下使用，将两条线段形成的夹角设置成圆角	选中一个顶点，点击"修改→编辑样条线→顶点→几何体→圆角"并修改"圆角"按钮后的数值，顶点变为圆角。设置圆角时不要点击数值后的上下两个点，而是要按住拖动鼠标。注意：如果发现不能圆角，可点击"设为首顶点"按钮更换其他点为首顶点
设为首顶点	在"顶点"级别下使用，指定样条线上任意一点为第一个顶点	点击"修改→编辑样条线→顶点→几何体→设为首顶点"
轮廓	在"样条线"级别下使用，使用后单线变成双线	点击"修改→编辑样条线→样条线→几何体→轮廓"，可把单线变为双线，封闭的图形使用轮廓功能后可挤出环形物体。设置轮廓时一定要分清轮廓方向，输入正值时物体向里还是向外产生轮廓，与顺时针或逆时针的画线方向有关。顺时针画线输入正的轮廓值是向外产生轮廓，输入负值是向里产生轮廓
分离	将一个样条线或线段从当前物体中分离出去（和附加是相反的命令）	要选择分离出去的物体，必须退出当前物体的编辑命令。分离后成为一个新的图形，可以在弹出的窗口中给新的图形命名
布尔	对两个样条线进行布尔运算： 并集：将两个重叠的样条线组合成一个样条线 相交：仅保留两个样条线重叠的部分 差集：从第一个样条线中减去和第二个样条线重叠的部分，并减去第二个样条线剩余的部分	点击"修改→编辑样条线→样条线→几何体→布尔"，二维物体的布尔运算有三个选项：并集、差集、相交
修剪	修剪掉两个样条线重叠的部分	两个重叠的样条线必须是相交的关系，修剪完后要使用"焊接"命令，因为修剪后的图形顶点是断开的

案例训练 3-1　绘制矿泉水瓶

绘制如图 3-4 所示的矿泉水瓶图。

【练习目的】

（1）熟悉编辑样条线命令的基本使用方法；

二维码3.2

（2）掌握样条线的绘制和编辑。

【操作要求】

（1）对样条线中的顶点、线段、样条线三个层级进行移动等修改；

（2）对顶点的类型进行修改；

（3）使用镜像工具进行复制。

【案例训练实施】

（1）使用"线"工具在前视图中绘制如图3-5所示的样条线。

（2）切换到"修改"命令面板，然后在卷展栏中点击"顶点"进入顶点层级，如图3-6所示。接着选择样条线中的顶点，通过修改顶点的类型，调整样条线的形状，如图3-7所示。

（3）修改完样条线后，选择工具栏中的"镜像"工具 ，镜像复制出矿泉水瓶的另一半样条线（在用镜像工具前需要退出修改命令），如图3-8所示。

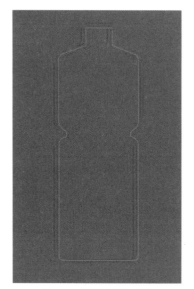

图3-4　矿泉水瓶完成图

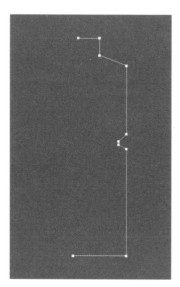

图3-5　画出1/2截面

图3-6　参数设置1

图3-7　参数设置2

（4）最终完成效果如图3-4所示。

【拓展训练】

尝试完成图3-9所示的高脚杯的制作。

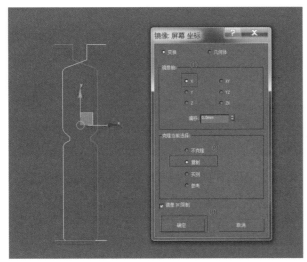

图3-8　镜像

图3-9　高脚杯完成图

案例训练3-2　布尔运算制作齿轮

绘制图3-10所示的齿轮效果图。

【练习目的】

（1）熟识编辑样条线命令的基本使用方法；

（2）掌握样条线的绘制和编辑。

【操作要求】

（1）用样条线绘制几何形状；

（2）使用布尔运算进行模型的修改。

【案例训练实施】

图3-10　齿轮效果图

（1）使用"圆"工具，在前视图中绘制正圆，然后在图3-11所示位置绘制两个小圆，右键点击角度捕捉工具，设置角度为30°，打开角度捕捉工具，切换"选择并旋转"工具，选中上下两个圆，进行旋转并复制，输入数量为6，如图3-12所示。

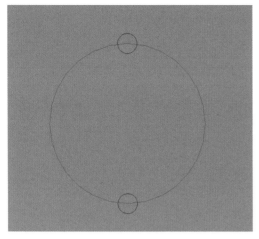

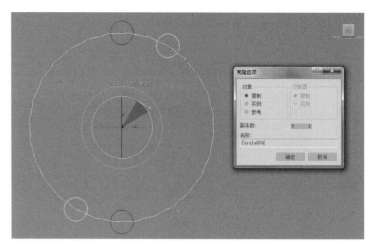

| 图3-11 绘制圆形 | 图3-12 旋转并复制上下两个圆 |

（2）选择上一步创建的大圆，加载"编辑样条线"修改器，在"几何体"卷展栏下加载"附加多个"命令，将上一步绘制的所有圆附加到一起，如图3-13所示。

（3）回到"编辑样条线"的"样条线"层级，选择大圆，在"几何体"卷展栏下找到"布尔"，选择"差集"，点击"布尔"按钮，再点击视图中要去掉的小圆，得到如图3-14所示的图形。

（4）选中上一步的图形，加载"挤出"修改器，输入挤出的数量，最终完成模型图如图3-15所示。

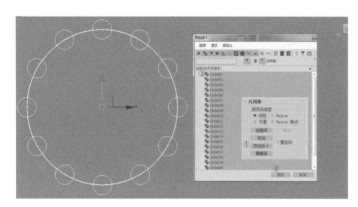

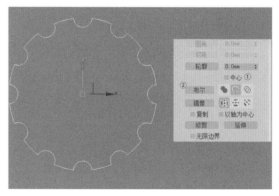

| 图3-13 附加所有圆 | 图3-14 布尔运算 |

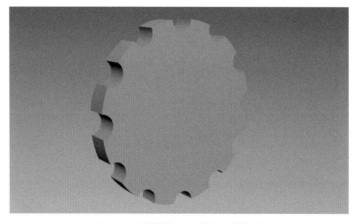

图3-15 案例训练3-2最终完成模型图

重点提示

使用布尔运算操作步骤如下：

（1）附加物体。

（2）回到"样条线"层级，选择要保留的图形。

（3）选择"差集"或者"并集"，点击"布尔"按钮。

（4）选择要去掉的图形。

修剪命令：可以修剪掉不需要的图形，和布尔运算的差集功能相同。

二维物体的布尔运算和修剪命令需要满足四个条件：

（1）所有物体必须附加到一起。

（2）所有物体必须在同一平面内。

（3）必须是封闭的二维物体。

（4）必须是相交的关系。

注意：用了修剪命令，必须进行顶点的焊接。

案例训练3-3　编辑样条线制作中式隔断

制作如图3-16所示的中式隔断效果图。

【练习目的】

（1）熟识编辑样条线命令的基本使用方法；

（2）掌握样条线的绘制和编辑。

【操作要求】

（1）用样条线绘制几何形状；

（2）使用轮廓工具进行模型的修改。

【案例训练实施】

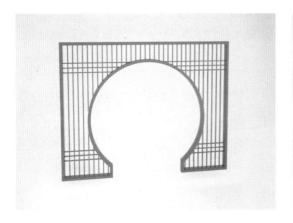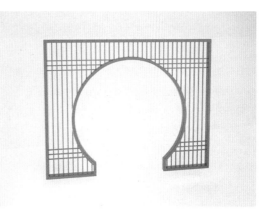

图3-16　中式隔断效果图

（1）使用"矩形"工具，在前视图中绘制矩形，然后在"修改"面板的"参数"卷展栏下设置"长度"为2800mm、"宽度"为3600mm，如图3-17所示。

（2）在矩形中绘制一个圆，圆的"半径"为1100mm，如图3-18所示。

（3）使用"矩形"工具，在图3-19所示位置绘制矩形，然后在"修改"面板的"参数"卷展栏下设置"长度"为760mm、"宽度"为1800mm，如图3-19所示。

（4）选择大的矩形，加载"编辑样条线"修改器，点击"几何体"卷展栏的"附加"命令，将以上步骤创建的图形附加到一起。切换到"样条线"层级，选择大矩形，使用布尔运算的"差集"，将大矩形中的圆和小矩形减掉，如图3-20所示，得到如图3-21所示的图形。

（5）选择上一步创建的图形，加载"轮廓"命令，轮廓值为40，如图3-22所示。

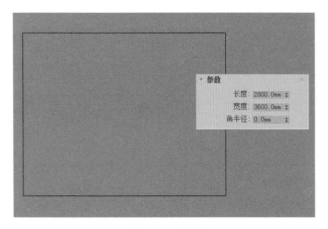

图3-17　绘制大矩形

图3-18　在矩形中绘制一个圆

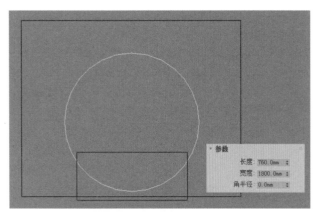

图3-19　绘制小矩形

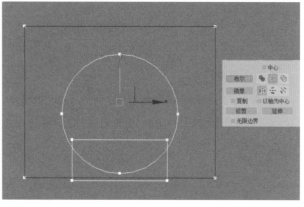

图3-20　布尔运算减掉圆和小矩形

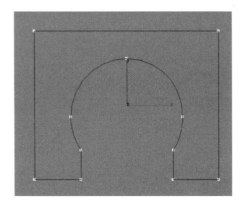

图3-21　布尔运算完成图

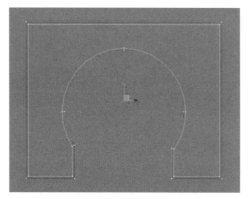

图3-22　加载"轮廓"命令

（6）绘制如图3-23所示的样条线，圆的半径为1500mm。

（7）如图3-24所示，把上一步绘制的样条线附加到一起，使用"编辑样条线"修改器"几何体"卷展栏下的"修剪"命令，修剪成如图3-25所示的样条线。

（8）选择上一步修改后的样条线，在可编辑的样条线的修改器"渲染"卷展栏下勾选"在渲染中启用"和"在视口中启用"，选择"矩形"，设置"长度"为6mm，"宽度"为4mm，如图3-26所示。

图3-23　绘制样条线

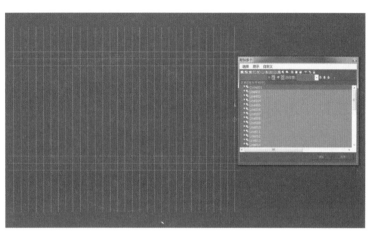

图3-24　修剪前的工作

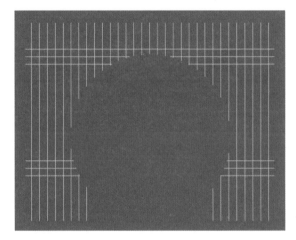

图3-25　修剪完成图

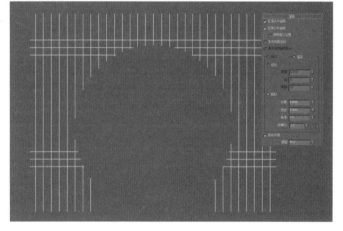

图3-26　渲染参数卷展栏设置

（9）给步骤（5）创建的图形加载"挤出"修改器，挤出数量为20，最终完成模型如图3-27所示。

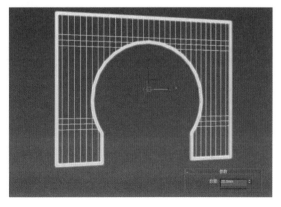

图3-27　加载"挤出"修改器

3.2 修改器建模

修改器是3ds Max的核心部分，它可以对模型进行编辑，创建一些特殊形状的复杂模型。在修改器列表中有很多的修改器种类，做效果图常用的修改器如下。

二维物体：编辑样条线、挤出、车削、倒角剖面。三维物体：编辑多边形。

3.2.1 为对象添加修改器

为对象添加修改器有两种方法，第一种是在命令面板中的"修改"命令面板"修改器列表"中添加，第二种是在菜单栏中的"修改器"菜单下进行添加。

在命令面板的"修改"面板中可以看到"修改器列表"，如图3-28所示。

图3-28 修改命令面板中的修改器列表

使用小技巧

使唯一 ：将关联的对象断开连接。

配置修改器集 ：单击该命令会弹出菜单，菜单中的命令可配置快捷按钮，如图3-29所示。

① 点击"配置修改器集"将"显示按钮"勾选。

② 打开"配置修改器集"。

③ 选择设置快捷按钮个数。

④ 将左侧需要设置快捷按钮的修改器拖拽到右侧快捷按钮上（按住鼠标左键拖动）。

⑤ 松开鼠标左键。

⑥ 点击"确定"完成操作。

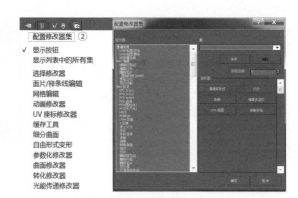

图3-29 配置修改器集

在堆栈中移除修改器 ：删除堆栈中的修改器，并删除该修改器引发的所有修改。

3.2.2　挤出修改器

挤出修改器是在室内设计中应用最多的二维物体转化成三维物体的修改器之一，在使用时需要注意所挤出的二维物体必须是封闭的，其参数设置面板如图3-30所示，参数详解如表3-5所示。

二维码3.3

表3-5　挤出修改器参数命令列表

名称	功能说明
数量	输入数值，设置挤出的高度
分段	挤出的三维物体分段数量，默认分段数量为1
封口始端/封口末端	挤出的物体在初始端形成平面/挤出的物体在末端形成平面
输出	指的是挤出对象的输出方式，默认"网格"
平滑	挤出的物体表面平滑

案例训练3-4　用挤出修改器制作置物架

制作如图3-31、图3-32所示的置物架效果图。

【练习目的】

（1）熟悉编辑样条线命令的基本用法；

（2）掌握样条线的绘制和编辑；

（3）掌握挤出修改器的使用方法；

（4）掌握修改器堆栈的内容和功能。

【操作要求】

（1）根据模型要求，选择正确的建模方法；

（2）设置修改器集；

（3）使用挤出修改器做镂空的模型。

【案例训练实施】

二维码3.4

图3-30　挤出修改器参数卷展栏

（1）使用"矩形"工具，在前视图中绘制矩形，然后在"修改"面板的"参数"卷展栏下设置"长度"1000mm、"宽度"1500mm，在矩形中绘制一个圆，圆的"半径"为10mm，如图3-33所示。

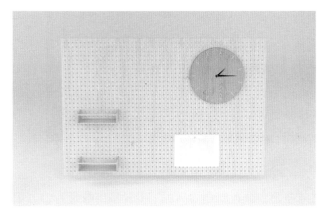

图3-31　置物架效果图1

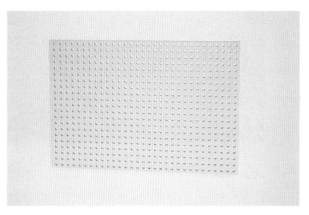

图3-32　置物架效果图2

（2）将矩形里的圆向右进行复制，复制的个数为31个（根据模型需要自行调整），如图3-34所示。

（3）用框选选中第一行圆，继续向下进行复制，复制21行（根据需要自行调整），如图3-35所示。

图3-33　绘制矩形和其中的圆　　　　　　　　　　　　　　图3-34　向右复制圆

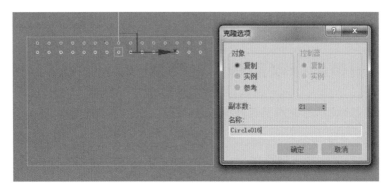

图3-35　向下复制圆

（4）选择矩形，在"修改器列表"里找到"编辑样条线"修改器，在"编辑样条线"修改器的卷展栏下找到"附加多个"命令，将所有圆和矩形附加到一起，如图3-36所示。

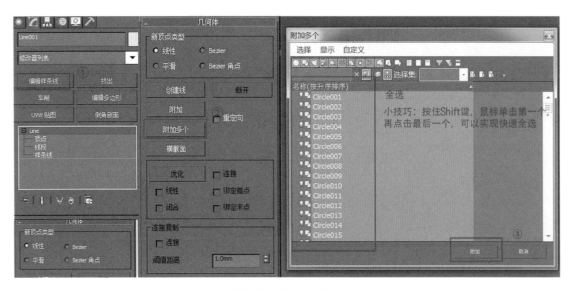

图3-36　附加圆和矩形

（5）在"修改"命令面板加载"挤出"修改器，在"挤出"修改器的卷展栏下设置挤出数量为25，如图3-37所示。

（6）最终模型完成图如图3-38所示。

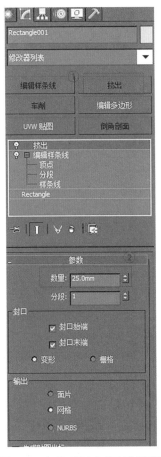

图3-37　加载"挤出"修改器并设置

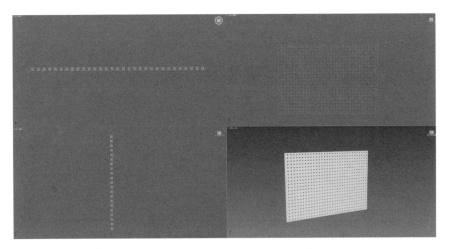

图3-38　案例训练3-4最终模型完成图

重点提示

"附加"命令做镂空的物体需要满足三个条件：

（1）附加物体必须在同一个平面内；

（2）必须是封闭的二维物体；

（3）必须是相包含的关系，即父对象包含子对象，各子对象之间是相离的关系。

二维物体附加不上的原因：

（1）"实例"的各物体之间不能附加；

（2）一起用过编辑样条线命令的物体不能附加；

（3）将二维物体转换为三维物体后无法附加。

3.2.3　车削修改器

车削修改器通过用线画出物体的二分之一的截面的形状，围绕中轴线进行360°旋转，生成三维的立体模型，其参数设置如图3-39所示，每一个参数的作用，如表3-6所示。

表3-6　车削修改器参数命令列表

名称	功能说明
度数	设置对象围绕中轴线旋转的角度，默认360°
焊接内核	旋转后的模型底面可能存在缺口，勾选此选项后，就可以填补缺口
封口	如果设置的角度小于360°，则模型内部是无法闭合的，所以就要通过勾选此选项来进行设置
封口始端/封口末端	用来设置封口的最大程度
方向	旋转轴，默认为Y轴
对齐	设置对齐的方式，有最小、最大、中心三种可以选择
平滑	车削的物体表面平滑

图3-39　车削修改器"参数"卷展栏

案例训练3-5　用车削修改器制作罗马柱

制作如图3-40所示的罗马柱效果图。

【练习目的】

（1）熟悉编辑样条线命令的基本用法；

（2）掌握样条线的绘制和编辑；

（3）掌握车削修改器的参数设置及其适用对象。

【操作要求】

（1）根据模型要求，选择正确的建模方法，要求建模思路清晰；

（2）熟练绘制和修改复杂的二维线型；

（3）对指定的模型运用适当的建模方法。

二维码3.5

【案例训练实施】

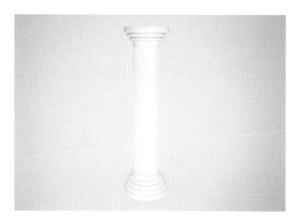

图3-40　罗马柱效果图

（1）使用"线"工具，在前视图绘制如图3-41所示的样条线。

（2）选中上一步绘制的样条线加载"车削"修改器，在"参数"卷展栏下设置"度数"为360°，"方向"为Y，"对齐"为最大，如图3-42所示。

（3）下面开始制作柱子，在顶视图中参照柱头的大小，绘制三个圆，如图3-43所示。后续操作步骤如下。

① 选中两个小圆，打开角度捕捉工具，设置捕捉"角度"为10°，如图3-44所示。

② 使用"选择并旋转"工具，按住键盘上Shift键，旋转并复制，在弹出的对话框中设置复制个数为15，把所有圆附加到一起，使用布尔运算的"差集"。

③ 对图形进行修改后加载"挤出"修改器，把柱头和柱子摆放到一起，最终模型完成图如图3-45所示。

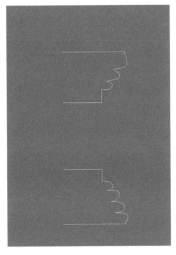

图3-41　绘制罗马柱样条线

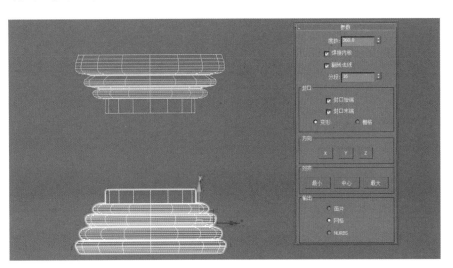

图3-42　选中罗马柱样条线加载"车削"修改器

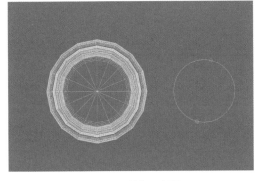

图3-43　绘制三个圆

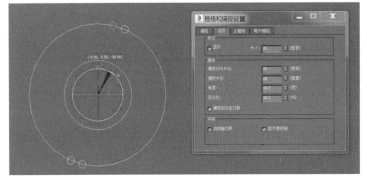

图3-44　旋转并复制圆

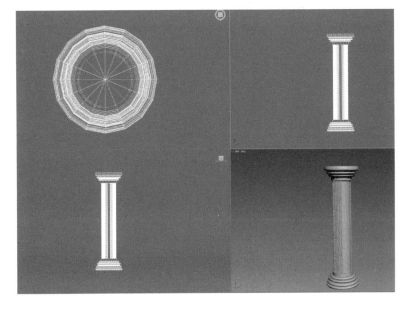

图3-45　案例训练3-5最终模型完成图

案例训练3-6　用车削修改器制作吊灯

制作如图3-46所示的吊灯效果图。

【练习目的】

（1）熟悉编辑样条线命令的基本用法；

（2）掌握样条线的绘制和编辑；

（3）掌握车削修改器的参数设置及其适用对象。

【操作要求】

（1）根据模型要求，选择正确的建模方法，要求建模思路清晰；

（2）熟练绘制和修改复杂的二维线型；

（3）对指定的模型运用适当的建模方法。

【案例训练实施】

图3-46　吊灯效果图

（1）使用"线"工具，在前视图绘制一条如图3-47所示的样条线。

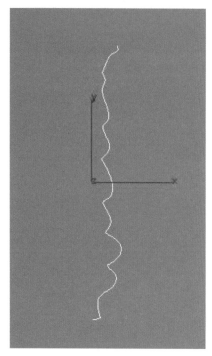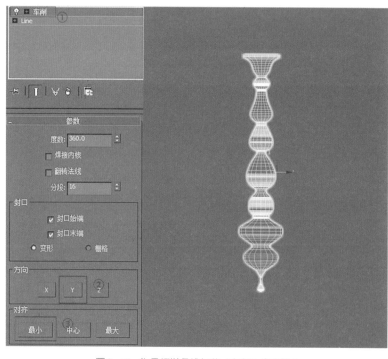

图3-47　绘制吊灯样条线1　　　　　图3-48　为吊灯样条线加载"车削"修改器1

（2）为上一步绘制好的样条线加载"车削"修改器，然后在"参数"卷展栏下设置"方向"为 Y 轴，"对齐"方式为最小，如图3-48所示。

（3）使用"线"工具在前视图中绘制如图3-49所示的样条线，接着在"修改"命令面板的"渲染"卷展栏中，勾选"在渲染中启用"和"在视口中启用"，选择"径向"，设置"厚度"为10mm，如图3-50所示。

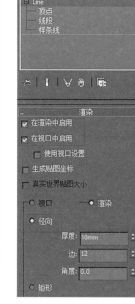
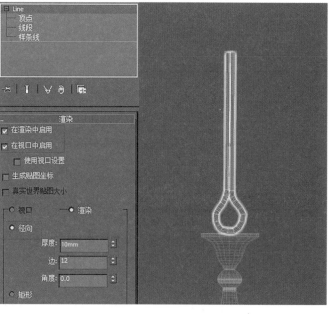

图3-49　绘制吊灯样条线2　　　　　　　　　　　　　　图3-50　渲染参数设置1

（4）使用"线"工具在前视图中绘制如图3-51所示的样条线，然后为其加载"车削"修改器，接着在"参数"卷展栏下设置"方向"为 Y 轴，"对齐"方式为最小，效果如图3-52所示。

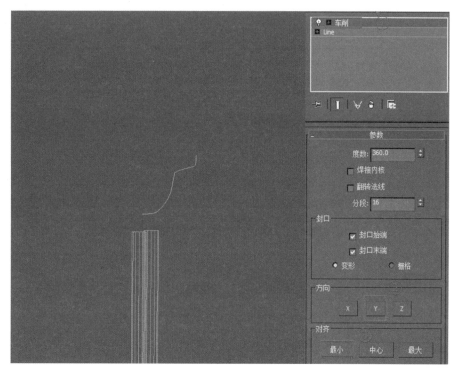

图3-51　绘制吊灯样条线3

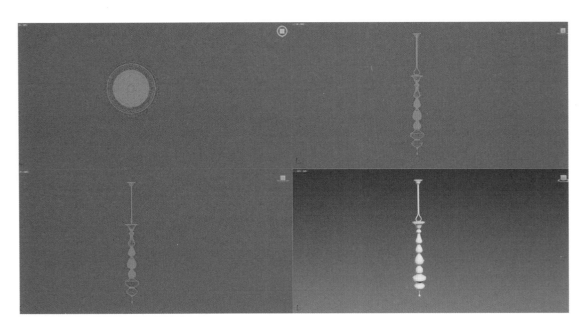

图3-52　为吊灯样条线加载"车削"修改器2

（5）使用"线"工具在前视图中绘制如图3-53所示的样条线，然后为其加载"车削"修改器，接着在"参数"卷展栏下设置"方向"为Y轴，"对齐"方式为最小，如图3-54所示。

图3-53　绘制吊灯样条线4

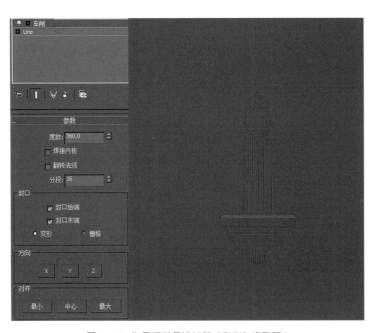

图3-54　为吊灯样条线加载"车削"修改器3

（6）使用"线"工具在前视图中绘制如图3-55所示的样条线，接着在"修改"命令面板的"渲染"卷展栏下勾选"在渲染中启用"和"在视口中启用"，选择"矩形"，设置"长度"为10mm、"宽度"为5mm，如图3-56所示。与步骤（5）创建的模型成组，效果如图3-57所示。

（7）在命令面板中单击"层次"按钮，切换到"层次"面板，然后单击"仅影响轴"，如图3-58所示。在顶视图中将轴心拖拽到吊灯主轴的中心，如图3-59所示。调整完成后回到"层次"面板，单击"仅影响轴"按钮，退出"仅影响轴"命令。

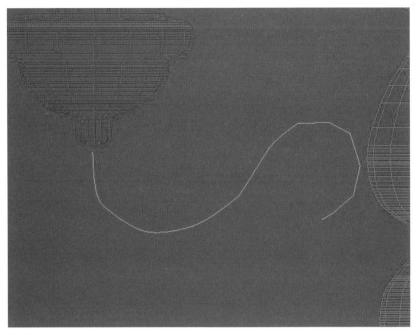

图3-55　绘制吊灯样条线5

图3-56　渲染参数设置2

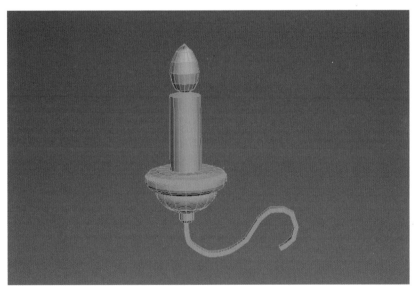

图3-57　成组1

图3-58　设置"仅影响轴"

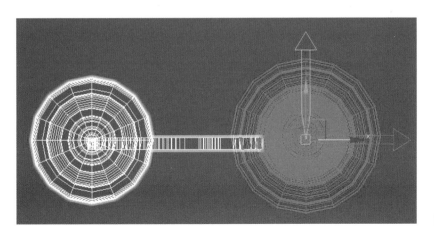

图3-59　修改坐标轴心位置

（8）激活角度捕捉工具 ，右键单击弹出对话框，设置捕捉角度为120°，如图3-60所示。然后在顶视图中使用"选择并旋转"工具 ，按住Shift键，旋转并复制，在弹出的对话框中，设置"副本数"为2，如图3-61所示。完成后效果如图3-62所示。

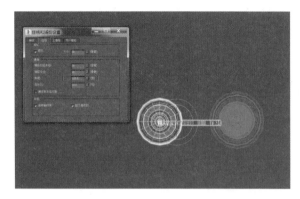

图3-60　设置捕捉角度

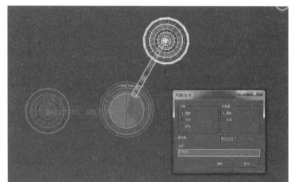

图3-61　旋转并复制1

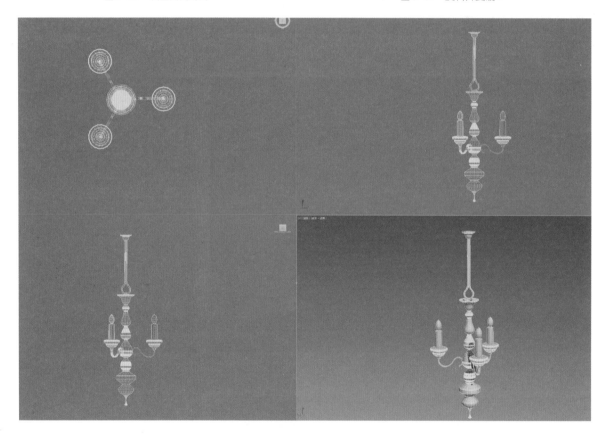

图3-62　完成旋转复制

（9）使用"线"工具在前视图中绘制如图3-63所示的样条线，接着在"渲染"卷展栏下，勾选"在渲染中启用"和"在视口中启用"，选择"矩形"，设置"长度"为10mm、"宽度"为5mm，复制步骤（5）所创建的模型，成组后效果如图3-64所示。

（10）使用"线"工具在前视图中绘制如图3-65所示的样条线，接着加载"挤出"修改器，设置挤出数量为5mm，如图3-66所示；与步骤（9）创建的模型成组，如图3-67所示。

（11）参照步骤（8），将上一步创建的组旋转并复制，如图3-68所示。最终模型完成图如图3-69所示。

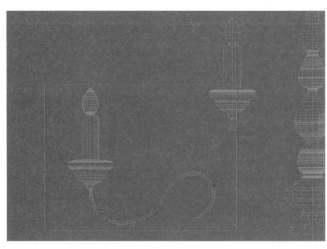

图3-63　绘制吊灯样条线6

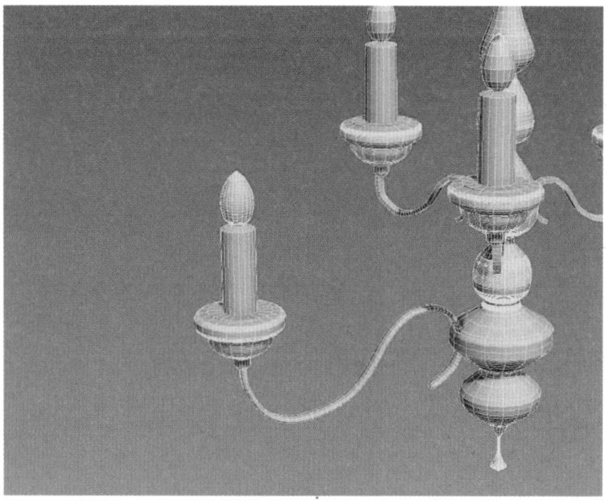

图3-64　成组2

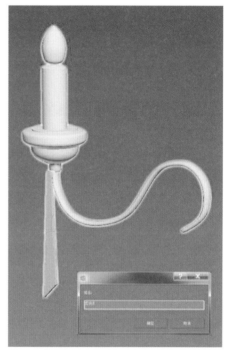

图3-65　绘制吊灯样条线7

图3-66　设置挤出参数

图3-67　成组3

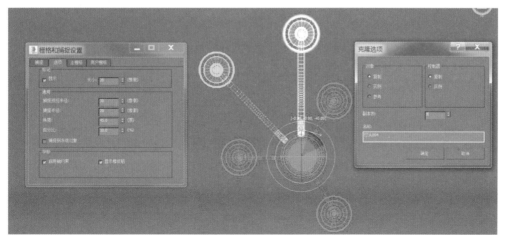

图3-68　旋转并复制2

图3-69　案例训练3-6最终模型完成图

3.2.4　倒角剖面修改器

　　"倒角剖面"是二维物体转换为三维物体的命令，在建模前需要创建好路径和剖面两部分，且路径和剖面必须都是由样条线组成的。"倒角剖面"使用一个二维图形作为路径，另一个作为倒角的剖面，然后选择路径加载倒角剖面修改器后拾取剖面，就可以形成三维的模型。其参数设置如图3-70所示；修改器各参数命令详解如表3-7所示。

表3-7　倒角剖面修改器参数命令列表

名称	功能说明
拾取剖面	选择路径点击该按钮，拾取剖面后即可生成三维的模型
封口	指定倒角对象是否要在一端封闭开口

案例训练3-7　用倒角剖面制作吊顶

　　制作如图3-71所示的吊顶效果图。

【练习目的】

（1）熟悉编辑样条线命令的基本用法；

（2）掌握样条线的绘制和编辑；

（3）掌握倒角剖面修改器的使用方法。

【操作要求】

（1）根据模型要求，选择正确的建模方法；

（2）绘制倒角剖面用到的剖面和路径；

（3）执行倒角剖面操作并调整模型。

二维码3.6

图3-70　倒角剖面"参数"卷展栏

【案例训练实施】

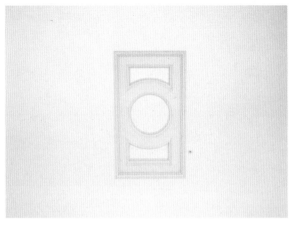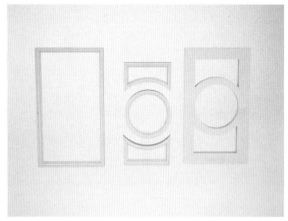

图3-71　吊顶效果图

（1）在前视图中，使用"矩形"工具绘制如图3-72所示的样条线。后续操作如下。

① 接着在"修改"命令面板的"参数"卷展栏下修改"长度"为630mm、"宽度"为360mm。

② 继续使用"矩形"工具在大的矩形里绘制矩形样条线，"长度"为150mm、"宽度"为240mm，继续向下复制一个。

③ 使用"弧"工具绘制两段弧，弧半径为160mm，弧位置如图3-73所示。

（2）在前视图中，选择大的矩形加载"编辑样条线"修改器，选择"分段"层级，删除分段；继续使用"圆"工具绘制圆，设置其参数为半径120mm，使用2.5倍捕捉工具放置在矩形中心，效果如图3-74所示。

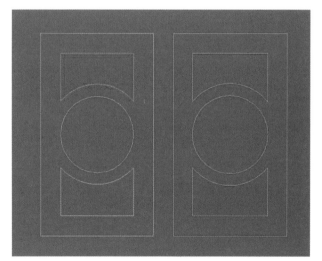

图3-72　绘制吊顶的矩形样条线　　图3-73　绘制两段弧　　　　　　图3-74　绘制圆并向右复制

（3）把前视图中步骤（2）创建的图形向右进行复制，如图3-74所示。后续操作如下。

① 选择复制后的矩形加载"编辑样条线"修改器，把所选矩形中的样条线附加 附加 到一起。

② 点击"顶点"层级，选择所有的顶点，点击"焊接" 焊接 ，如图3-75所示。

③ 加载"挤出"修改器，设置挤出数量为25，效果如图3-76所示。

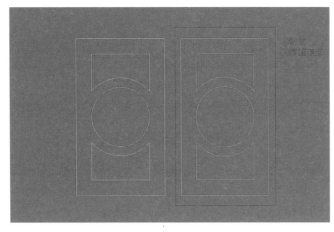

图3-75　顶点焊接

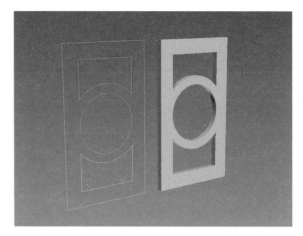

图3-76　挤出效果

（4）在顶视图中使用"线"工具绘制剖面，也可以将外部样条线导入到当前场景中，但是需要修改剖面的大小，如图3-77所示。

重点提示

倒角剖面出来的模型大小取决于剖面的大小，修改剖面的方法为点击剖面，加载"编辑样条线"修改器，然后选择"样条线"层级，使用"选择并均匀缩放"工具，在样条线层级下进行缩放。无法确定缩放大小，可以先创建矩形作为参照，如图3-78所示，先创建25mm×25mm的正方形作为剖面缩放的大小参照。

（5）在前视图中选择左边的矩形样条线，加载"倒角剖面"修改器，在卷展栏下点击"拾取剖面"，拾取步骤（4）已经调整好大小的剖面，如图3-79所示。效果如图3-80所示。

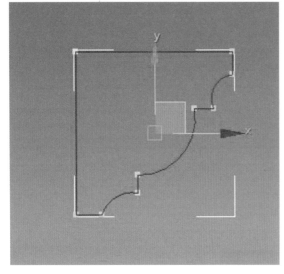

图3-77　修改剖面大小

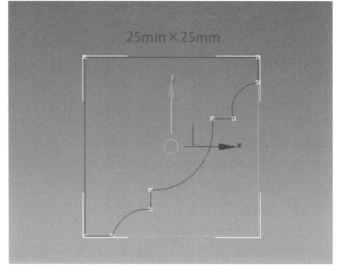

图3-78　绘制矩形作为参照

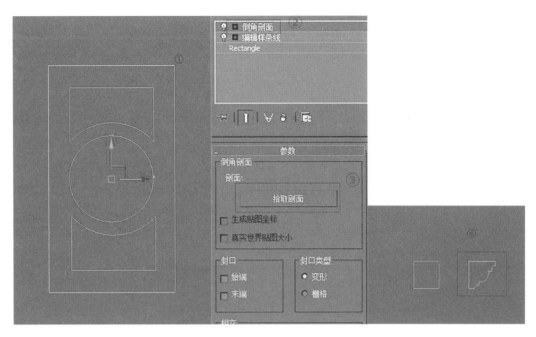

图 3-79　加载"倒角剖面"修改器并拾取剖面

图 3-80　步骤（5）完成效果

（6）下面对"倒角剖面"出来的模型进行调整，点击"修改"命令面板下的"倒角剖面"层级下的"剖面 Gizmo"，如图 3-81 所示。回到顶视图中，使用"选择并旋转"工具，激活角度捕捉工具 并设置捕捉角度为 90°，旋转剖面。

（7）把其余图形按步骤（5）、（6）做完，得到如图 3-82 所示模型。

（8）最终完成效果如图 3-83 所示。

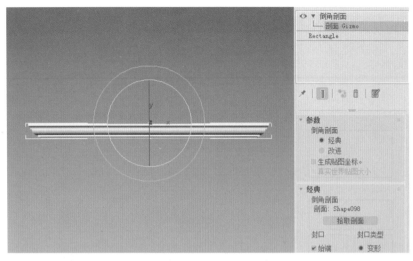

图3-81　调整剖面

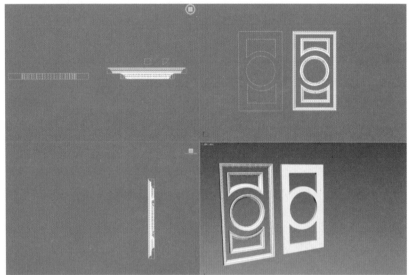

图3-82　制作完其余图形

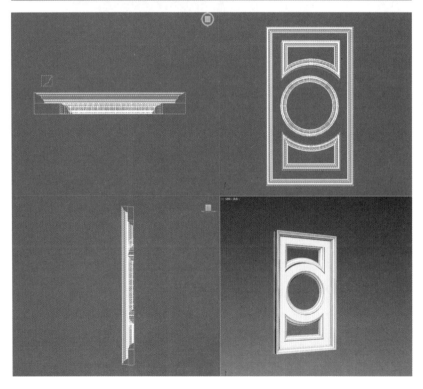

图3-83　案例训练3-7最终模型完成图

3.3 多边形建模

多边形建模是做室内外建模的主要建模方式之一，因此多边形建模是很重要的，希望读者可以灵活使用。

为物体加载多边形的常用方法主要有以下两种：

① 在对象上单击鼠标右键，在弹出的菜单中找到"转换为可编辑多边形"命令，如图3-84所示；

② 在"修改"命令面板的"修改器列表"中找到"编辑多边形"修改器。

编辑多边形的参数设置面板如图3-85所示，本节重点讲解选择、编辑几何体、编辑顶点、编辑边、编辑多边形等卷展栏。

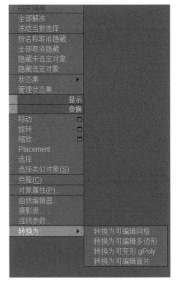

图3-84 转换为可编辑多边形

图3-85 编辑多边形参数卷展栏

3.3.1 选择

"选择"卷展栏的工具主要用来切换要修改多边形的哪一部分，如图3-86所示；"选择"卷展栏的参数详解，如表3-8所示。

表3-8 "选择"卷展栏工具列表

名称	功能说明
编辑顶点	用于对多边形的顶点进行编辑
编辑边	用于对多边形的边进行编辑
编辑边界	用于对多边形的边界进行编辑
编辑多边形	用于对多边形的多边形子对象进行编辑
编辑元素	用于对多边形的元素进行编辑，可以选中多边形整体

3.3.2　编辑几何体

"编辑几何体"卷展栏里的命令主要用来修改多边形的几何体，如图3-87所示；"编辑几何体"卷展栏的参数详解，如表3-9所示。

表3-9　"编辑几何体"卷展栏参数命令列表

名称	功能说明
附加	将场景中的其他对象附加到可编辑的多边形中
分离	将多边形的子对象从整体中分离出来
网格平滑	使选择的对象产生平滑的效果
细化	增加网格的密度，从而更进一步对模型进行修改
隐藏选定对象	隐藏所选定的对象（这里的隐藏不等于删除）
隐藏未选定对象	隐藏未选择的对象
全部取消隐藏	所有隐藏的对象变为可见对象

图3-86　"选择"卷展栏

图3-87　"编辑几何体"卷展栏

图3-88　"编辑顶点"卷展栏

图3-89　"编辑边"卷展栏

3.3.3　编辑顶点

选择"编辑多边形"修改器的"顶点"级别，在下部菜单中会出现"编辑顶点"卷展栏，这个卷展栏里的命令是用来编辑顶点的，如图3-88所示。"编辑顶点"卷展栏的参数详解，如表3-10所示。

表 3-10 "编辑顶点"卷展栏参数命令列表

名称	功能说明	示例图
移除	选定顶点并将其移除	
断开	选中顶点，断开后，该顶点在原顶点上创建新顶点	略
挤出	在视图中挤出顶点，可以点击■设置挤出的数量	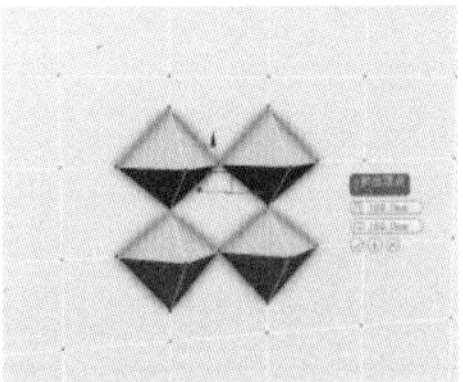
焊接	将选中的顶点进行合并	略
切角	选中顶点后，点击"切角"命令后面的■，设置切角值	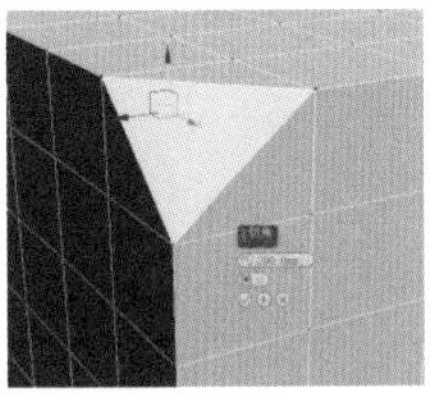
连接	选中两个顶点，在顶点之间连接一条直线	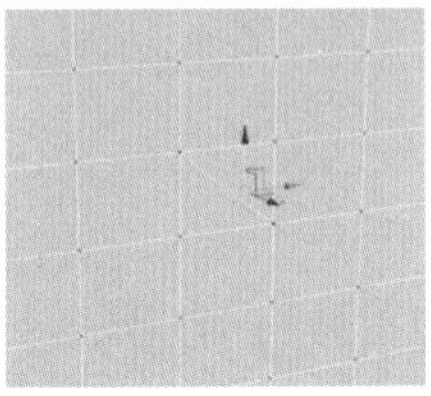

3.3.4 编辑边

选择"编辑多边形"修改器的"边"级别，在下部菜单中会出现"编辑边"卷展栏，这个卷展栏里的命令是用来编辑边的，如图 3-89 所示。"编辑边"卷展栏的参数详解，如表 3-11 所示。

表 3-11 "编辑边"卷展栏参数命令列表

名称	功能说明	示例图
插入顶点	在选定的边上添加顶点	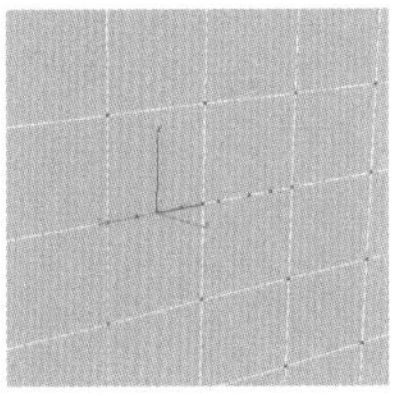

续表

名称	功能说明	示例图
移除	选定边并将其移除，快捷键为键盘上退格键	
挤出	在视图中挤出边，可以点击■设置挤出的数量，可以控制挤出边的宽度和高度	
焊接	将选中的边进行合并，点击■输入阈值，则在这个阈值范围内的边可以合并	略
切角	选中边后，点击"切角"命令后面的■，设置切角值，生成棱角	
连接	选中两条边，在其之间连接出新的边	

3.3.5　编辑多边形

选择"编辑多边形"修改器的"多边形"级别，在下部菜单中会出现"编辑多边形"卷展栏，这个卷展栏里的命令是用来编辑多边形的，如图3-90所示。"编辑多边形"卷展栏的参数详解，如表3-12所示。

图3-90　"编辑多边形"卷展栏

表3-12　"编辑多边形"卷展栏参数命令列表

名称	功能说明	示例图
插入顶点	在选定的多边形上添加顶点	
挤出	在视图中挤出多边形，可以点击■设置挤出的数量，可以控制挤出多边形的高度	
轮廓	增加或减少多边形的轮廓	
倒角	选中多边形后，点击"倒角"命令后面的■，设置倒角数值，挤出多边形并为其生成倒角	
插入	选中多边形后，点击"插入"命令后面的■，设置插入数值，生成没有高度的倒角	

案例训练3-8　用多边形建模制作飘窗

制作如图3-91所示的飘窗效果图。

【练习目的】

熟悉编辑多边形命令的基本用法。

【操作要求】

（1）根据模型要求，选择正确的建模方法；

（2）熟练使用挤出、插入、倒角等命令。

【案例训练实施】

（1）在前视图中，使用"平面"创建一个"长度"为2700mm、"宽度"为4600mm的矩形平面，如图3-92所示。

二维码3.7

图3-91　飘窗效果图

（2）在前视图中，给平面加载"编辑多边形"修改器，在"修改"命令面板的"编辑多边形"层级下选择"边"级别，然后选择左、右两边，在"编辑边"卷展栏下找到"连接"按钮 连接 ，点击后面的 ，在弹出的对话框中输入数量为1，点击 完成操作，如图3-93所示。

（3）继续选择连接的边，找到"切角"按钮，点击 ，在弹出的对话框中，输入切角数量为1000，点击 完成操作，如图3-94所示。

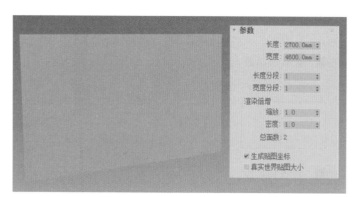

图3-92　创建平面

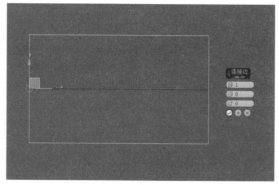

图3-93　连接边1

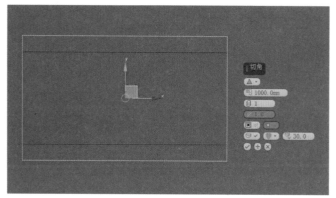

图3-94　切角1

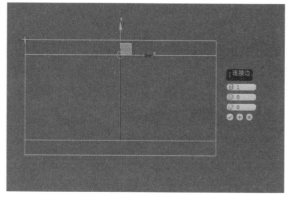

图3-95　连接边2

（4）选择如图3-95所示的边，后续操作如下。

① 点击"连接"按钮后的 ，在弹出的对话框中输入数量为1，点击 完成操作，如图3-95所示。

② 点击"切角"按钮后的 ，选择切角数量为1700，点击 完成操作，如图3-96所示。

（5）进入"多边形"级别，选择如图3-97所示的多边形，接着在"编辑多边形"卷展栏下找到"挤出"按钮，点击■，输入挤出高度为-800，效果如图3-98所示。

（6）选择如图3-99所示的多边形，在编辑多边形卷展栏点击"插入"按钮后的■，输入插入数量为70，完成后如图3-100所示。

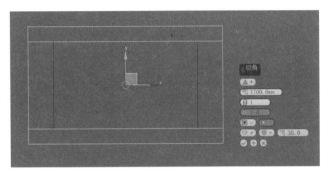

图3-96　切角2

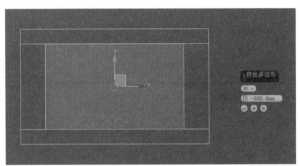

图3-97　选择多边形1

图3-98　挤出效果图

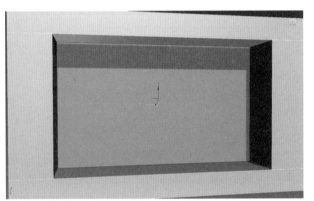

图3-99　选择多边形2

图3-100　插入1

（7）选择左、右两个边，在"编辑边"卷展栏下，点击"连接"按钮后的■，设置数量为1；右键点击"选择并移动"工具✛，向下精确移动300；继续点击"切角"按钮后的■，设置数量为30，如图3-101所示。

（8）选择上、下两个边，在"编辑边"卷展栏下，点击"连接"按钮后的■，设置数量为3，如图3-102所示。继续点击"切角"按钮后的■，设置数量为30，如图3-103所示。

（9）选择如图3-104所示的上、下两个边，在"编辑边"卷展栏下，点击"连接"按钮后的■，设置数量为1。继续点击"切角"按钮后的■，设置数量为30，完成后如图3-105所示。

（10）进入"多边形"级别，选择如图3-106所示的多边形。后续操作如下。

① 在"编辑多边形"卷展栏下找到"倒角"按钮，点击■，输入倒角数值高度为−40，轮廓为−20，如图3-106所示。

② 继续点击"插入"按钮后的■，输入插入数量为10，完成后如图3-107所示。

（11）最终模型完成图如图3-108所示。

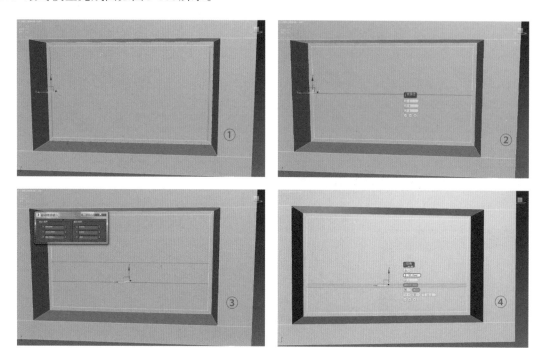

图3-101　连接边继续切角

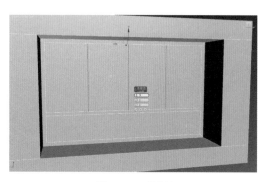

图3-102　连接边3

图3-103　切角3

图3-104　连接边4

图3-105　切角4

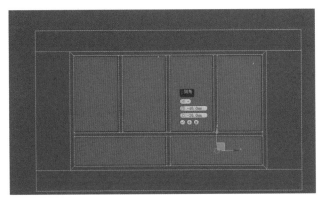

图3-106 选择多边形并设置倒角

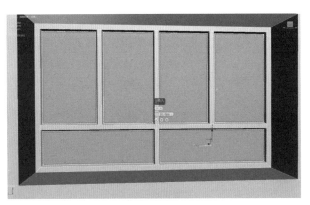

图3-107 插入2

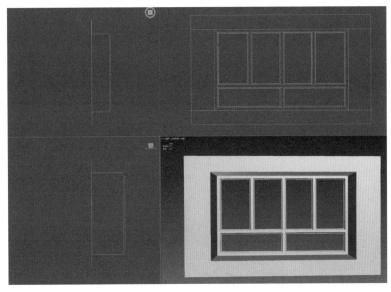

图3-108 案例训练3-8最终模型完成图

学后训练 制作户型图

根据CAD图纸制作户型图，本案例用到的命令有样条线、多边形建模，效果如图3-109所示。

二维码3.8

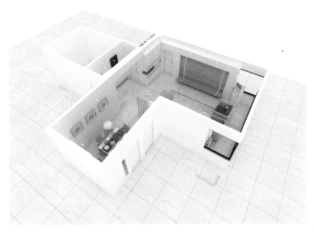

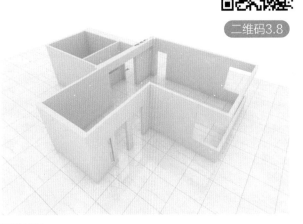

图3-109 户型图效果图

4

摄影机技术和
灯光技术

知识目标

- 掌握常用的摄影机工具使用方法；
- 掌握摄影机的特殊镜头效果；
- 掌握VRay灯光和软件自带灯光的用法。

素质目标

- 培养学生分析和解决问题的能力；
- 培养学生创新意识；
- 提高学生的自学能力。

学习重点

掌握常用摄影机的创建和使用方法，掌握软件自带灯光和VRay灯光的用法；熟悉构图和摄影机特效的使用方法，熟悉场景布光的方法。

评分细则

序号	评分点	分值/分	得分条件	判分要求
1	目标灯光	10	设置筒灯、射灯等	熟悉目标灯光的灯光参数，制作筒灯、射灯等
2	VRay灯光	10	设置VRay灯光	制作落地灯的灯光
3	目标摄影机	10	设置摄影机拍摄范围	调整摄影机参数，设置摄影机视图
4	VRay物理摄影机	10	设置场景的亮度和色彩，制作光晕等效果	调整摄影机参数，设置摄影机视图

　　在3ds Max中，摄影机在制作效果图时是必不可少的。在制作好的室内模型中添加摄影机，可以确定最终出图的范围，还可以添加其他特效。在软件中常用的摄影机有目标摄影机和VRay摄影机。

　　在室内模型创建好后，要给场景中添加灯光，软件里的灯光可以模拟出真实的光照效果。灯光是室内效果图场景中必不可少的元素，常见的室内灯光有筒灯、射灯、台灯、吊灯、灯带等。

4.1 摄影机技术

在右侧"创建"命令面板中找到"摄影机"。"标准"摄影机里有物理摄影机、目标摄影机、自由摄影机，如图4-1所示。VRay摄影机包含了VRay穹顶摄影机和VRay物理摄影机，如图4-2所示。其中目标摄影机和VRay物理摄影机是本章讲解的重点。

4.1.1 目标摄影机

目标摄影机使用简单方便，使用频率较高。只需要将目标物体放置在摄影机的目标点上即可，在场景中点击观察位置，拖动光标目标点至被观察物体即可完成创建，如图4-3所示。

图4-1 标准摄影机

图4-2 VRay摄影机

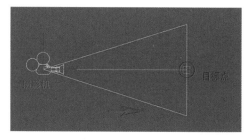

图4-3 目标摄影机

选择目标摄影机，参数设置如图4-4所示；目标摄影机卷展栏参数详解，如表4-1所示。

图4-4 目标摄影机参数设置

表4-1 目标摄影机卷展栏参数命令列表

名称	功能说明
镜头	调整摄影机的焦距
视野	设置摄影机可查看视域的宽度

名称	功能说明
备用镜头	系统预置的摄影机焦距
类型	两种类型（目标摄影机、自由摄影机）
显示	显示出在摄影机锥形光线内的矩形
手动剪切	自定义剪切的平面
多过程效果	启用后可以浏览渲染的效果，有"景深""运动模糊"等
偏移深度	该选项用来控制摄影机的偏移深度
过程总数	设置生成景深的效果过程数，数值越大则效果越好
采样半径	场景中模型的模糊半径，数值越大，越模糊
采样偏移	数值越大，景深效果越真实
规格化权重	数值越大，平滑效果越明显，图像越不清晰

案例训练4-1　放置目标摄影机，添加景深的效果

绘制如图4-5所示的效果图。

【练习目的】

练习场景摄影机的布置。

【操作要求】

（1）创建摄影机；

（2）调整摄影机；

（3）添加景深的效果。

【案例训练实施】

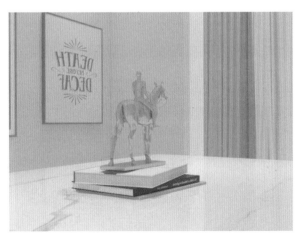

图4-5　案例训练4-1效果图前后对比

（1）打开本书学习资源中的"场景文件→CH4→01.max"文件，添加目标摄影机 目标 ，对准雕塑品，如图4-6所示。

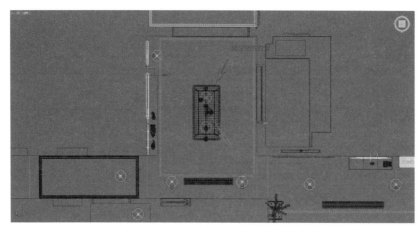

图4-6 添加目标摄影机

（2）切换到透视图，按C键切换到摄影机视图，选择目标摄影机，调整摄影机位置，并在右侧"参数"卷展栏下调整镜头和视野，如图4-7所示。切换到摄影机视图，右键点击左上角第二个选项，勾选"显示安全框"，如图4-8所示。（安全框指渲染时的范围，安全框以外的区域不会被渲染。）

（3）点击"渲染设置"按钮▣，然后选择VRay选项，展开"相机"卷展栏，勾选"景深"和"从摄影机获得焦点距离"，如图4-9所示。按F9快捷键渲染当前场景，最终渲染完成图如图4-10所示。

图4-7 目标摄影机参数设置

图4-9 相机参数设置

图4-8 显示安全框

图4-10 案例训练4-1最终渲染完成图

4.1.2　VRay 物理摄影机

　　VRay 物理摄影机是 VRay 自带的摄影机，可以模仿真实的摄影机，有焦距、光圈、快门等功能。它的创建方法和目标摄影机的创建方法一样，也是由摄影机和目标点组成，如图 4-11 所示。

　　VRay 物理摄影机的基本参数设置，如图 4-12 所示；其卷展栏的参数详解，如表 4-2 所示。

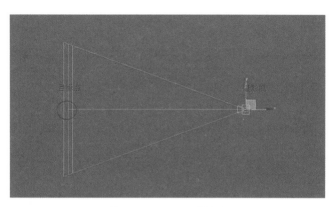

图 4-11　VRay 物理摄影机

图 4-12　VRay 物理摄影机参数卷展栏

表 4-2　VRay 物理摄影机"基本参数"卷展栏参数命令列表

名称	功能说明
类型	摄影机的类型
胶片规格	摄影机拍摄到的景色范围，数值越大，拍摄到的越多
焦距	数值较大可以产生长焦效果，数值小可以产生广角效果
缩放因子	控制视图的缩放，数值越大，摄影机拍摄的距离越近
光圈	摄影机的光圈大小，数值越小则图像越亮
指定焦点	勾选可以手动控制焦点
焦点距离	手动输入焦点距离
渐晕	控制视图的光晕效果
白平衡	控制图像的色偏
快门速度	数值越小，图像越亮
胶片速度	数值越大，图像越亮

VRay物理摄影机的散景特效参数设置，如图4-13所示；散景特效参数详解，如表4-3所示。

表4-3　VRay物理摄影机"散景特效"卷展栏参数命令列表

名称	功能说明
叶片数	控制散景产生光圈的形状，关闭该选项默认是圆圈，打开默认数值为5，是五边形
旋转	产生形状的角度
中心偏移	偏移原物体的距离

图4-13　散景特效参数

VRay物理摄影机"采样"卷展栏参数详解，如表4-4所示。

表4-4　VRay物理摄影机的"采样"卷展栏参数设置

名称	功能说明
景深	中心物体聚焦时，其后面的物体都是虚化的
细分	数值越高，效果越好

注意：VRay物理摄影机的核心为胶片速度、光圈、快门速度，三者是相互关联的。

案例训练4-2　给场景添加VRay物理摄影机

绘制如图4-14所示的效果图。

【练习目的】

练习场景摄影机的布置。

【操作要求】

（1）创建摄影机；

（2）调整摄影机。

【案例训练实施】

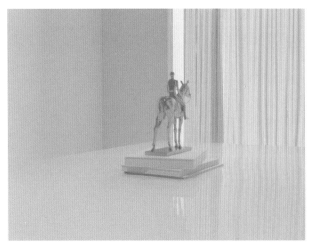
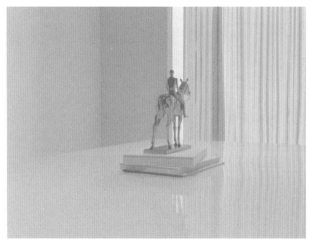

图4-14　案例训练4-2效果图前后对比

（1）打开本书学习资源中的"场景文件→CH4→01.max"文件，在顶视图中添加VRay物理摄影机，位置如图4-15所示。

（2）切换到透视图。按C键切换到摄影机视图，调整摄影机位置，并在右侧参数卷展栏下，设置"光圈"数为2、"快门速度"为400，按F9快捷键渲染当前视图，效果如图4-16所示。继续设置"光圈"数为2、"快门速度"为100，按F9快捷键渲染当前视图，效果如图4-17所示。

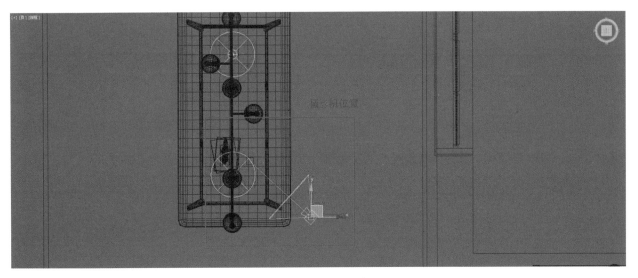

图4-15　放置VRay物理摄影机

图4-16　"快门速度"400

图4-17　"快门速度"100

4.2　灯光技术

创建完室内模型，为其添加完材质后，需要给场景添加灯光，在右侧"创建"命令面板中，找到"灯光"按钮，在下拉菜单中可以选择添加灯光的类型，在3ds Max中有三种灯光类型，即"光度学""标准""VRay"，如图4-18所示。

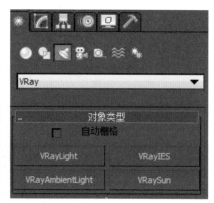

图4-18　灯光类型

4.2.1　标准灯光

标准灯光有6种类型，其中目标聚光灯和目标平行光使用率很高，经常用来制作室内吊灯、室内环境光、动画等光源。

目标聚光灯可以产生一个锥形的照明区域，区域以外的空间不会有照明效果。目标聚光灯由两部分组成，和摄影机的使用方法一样，其参数（以目标聚光灯参数为例展示标准灯光参数）如图4-19所示。标准灯光卷展栏参数详解，如表4-5所示。

图4-19　标准灯光参数

表4-5　标准灯光卷展栏参数命令列表

名称	功能说明
启用	开启或关闭灯光
阴影启用	光照是否产生阴影
排除	让选定的对象不受光照影响
倍增	控制灯光的强弱程度
颜色	调节灯光的颜色
衰退	真实的灯光自带衰退的效果，"平方反比"的衰退效果是最接近真实灯光效果的
近距衰减	启用灯光的近距离衰减
远距衰减	启用灯光的远距离衰减

目标平行光产生圆柱形的照射区域，通常用来做室外的环境光，参数设置和目标聚光灯一样。

案例训练4-3　用标准灯光中的目标平行光制作环境光

绘制如图4-20所示的环境光效果图。

【练习目的】

练习环境光的布置。

【操作要求】

（1）创建环境光；

（2）调整灯光参数。

【案例训练实施】

图4-20　案例训练4-3效果图前后对比

（1）打开本书学习资源中的"场景文件→CH4→01.max"文件，在右侧"创建"命令面板中添加灯光，类型为"标准"，然后在室外创建一个目标平行光，放置位置如图4-21所示。

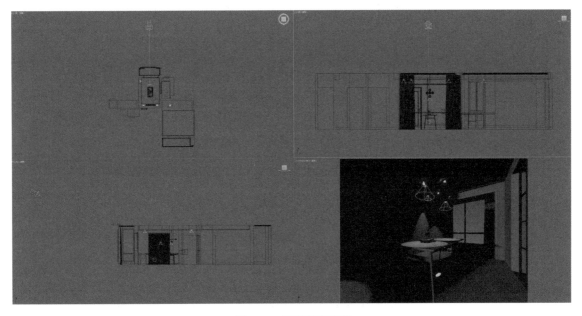

图4-21　放置目标平行光

（2）选择创建好的目标平行光，并进行如下设置。

① 选择右侧的"修改"命令面板，在"常规参数"卷展栏下勾选"启用"，设置阴影类型为VRay阴影，如图4-22所示。

② 在"强度/颜色/衰减"卷展栏下设置"倍增"值为1，颜色改为暖白色（模拟太阳光的颜色）。

③ 在"平行光参数"卷展栏下设置"聚光区/光束"为2000、"衰减区/区域"为2002。

④ 在VRay阴影卷展栏下勾选"区域阴影"，参数设置如图4-23所示。

（3）切换到摄影机视图，按F9键渲染当前视图，最终渲染完成如图4-24所示。

图4-22　目标平行光参数设置1　　　图4-23　目标平行光参数设置2

图4-24　案例训练4-3最终渲染完成图

4.2.2　光度学灯光

光度学灯光是软件自带的灯光效果，包含目标灯光和自由灯光，常用的是目标灯光，可以用来做室内的筒灯、射灯等光源。

目标灯光和摄影机的使用方法类似，都有一个目标点，目标点是灯光照射的方向，如图4-25所示。

目标灯光的参数设置如图4-26所示；目标灯光卷展栏的参数详解，如表4-6所示。

图4-25　目标灯光

图4-26　目标灯光参数

表4-6　目标灯光卷展栏参数命令列表

名称	功能说明
启用	开启或关闭灯光
阴影启用	光照是否产生阴影，一般选择VRay阴影
排除	让选定的对象被光照射后不产生阴影
灯光分布	包含"光度学Web""聚光灯""统一漫反射""统一球形"四种类型，一般都会加载"光度学Web"；选择"光度学Web"后，会增加"分布（光度学Web）"卷展栏
颜色	开尔文：通过调整色温来控制灯光颜色
	灯光：列表里的光源比较符合真实灯光的光谱特征
	过滤颜色：通过颜色过滤器来控制灯光颜色
强度	通过修改灯光的光通量、发光强度、照度来改变光源强度
远距衰减	启用灯光的远距离衰减，也就是灯光的淡出程度

案例训练4-4　用目标灯光制作筒灯

制作如图4-27所示的筒灯效果图。

【练习目的】

练习筒灯的布置。

【操作要求】

（1）创建筒灯；

（2）调整灯光参数；

（3）添加光度学Web。

【案例训练实施】

图4-27　筒灯效果图前后对比

（1）打开本书学习资源中的"场景文件→CH4→01.max"文件，使用"目标灯光"命令，在场景中的筒灯模型下放置目标灯光，再继续复制三个，选择"实例"复制，其位置如图4-28所示。

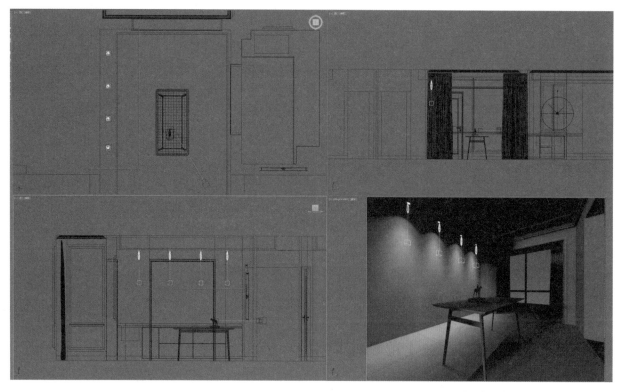

图4-28　放置目标灯光

（2）选择上一步创建的目标灯光，并进行如下设置。

① 在右侧的"修改"命令面板中，设置目标灯光参数，在"常规参数"卷展栏下勾选"启用"，设置阴影类型为VRay阴影，设置灯光分布为"光度学Web"，如图4-29所示。

② 在光度学Web卷展栏中，点击"〈选择光度学文件〉"，选择"筒灯.IES"，如图4-30所示。

③ 在"强度/颜色/衰减"卷展栏下设置发光强度为3000，颜色改为暖黄色。

④ 在VRay阴影卷展栏下勾选"区域阴影"，接着修改下方数值，如图4-31所示。

（3）将透视图切换到摄影机视图（快捷键C），按F9键渲染当前视图，最终渲染完成如图4-32所示。

图4-29 目标灯光参数设置1

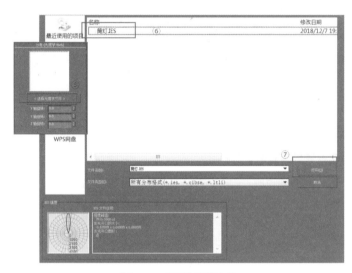

图4-30 加载光度学文件

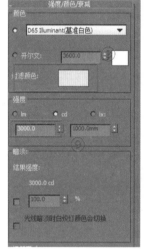

图4-31 目标灯光参数设置2

图4-32 案例训练4-4最终渲染完成图

4.2.3　VRay灯光

　　VRay的灯光类型可以分为四种：VRay灯光、VRayIES、VRay环境光、VRay太阳，如图4-33所示。VRay灯光可以设置成环境里的任意光源，VRay太阳可以用作室外的太阳光。

　　VRay灯光是室内效果图最常用的灯光之一，参数设置如图4-34所示；VRay灯光卷展栏的参数详解，如表4-7所示。

图4-33　VRay的灯光类型

图4-34　VRay灯光参数设置

表4-7　VRay灯光卷展栏参数命令列表

名称	功能说明
开	开启或关闭灯光
类型	有"平面""穹顶""球体""网格"四种
单位	默认（图像）：默认的单位
	发光功率：灯光的亮度和灯光的大小无关
	亮度：灯光的亮度和灯光的大小有关
	辐射率：灯光的亮度和灯光的大小无关
	辐射量：灯光的亮度和灯光的大小有关
倍增器	灯光的强度
颜色	灯光的颜色
投射阴影	是否勾选决定了灯光是否产生阴影
双面	灯光双面都产生照明效果（针对平面类型的灯光）
不可见	一般是勾选的，决定于渲染时最终图像是否显示灯光的形状
不衰减	勾选以后灯光将不会再有衰减效果
天光入口	勾选此选项后"双面""投射阴影"等参数将失效
存储发光图	VRay灯光的光照信息将被储存在发光图中
影响漫反射	勾选后灯光将会影响到物体的表面颜色
影响高光反射	勾选后灯光将会影响物体的表面光泽度
影响反射	勾选后灯光对物体进行照射，物体可以对光进行再次反射
细分	控制物体被光照后，产生光照的采样细分，设置细分值越高，阴影区域的杂点越少

案例训练4-5 用VRay灯光制作落地灯

制作如图4-35所示的落地灯效果图。

【练习目的】

练习落地灯的布置。

【操作要求】

（1）创建VRay球体灯光；

（2）创建目标灯光；

（3）添加光度学Web。

【案例训练实施】

图4-35 落地灯添加灯光前后对比

（1）打开本书学习资源中的"场景文件→CH4→02.max"文件，在右侧"创建"命令面板选择VRay灯光，在顶视图中创建VRay灯光，其位置如图4-36所示。

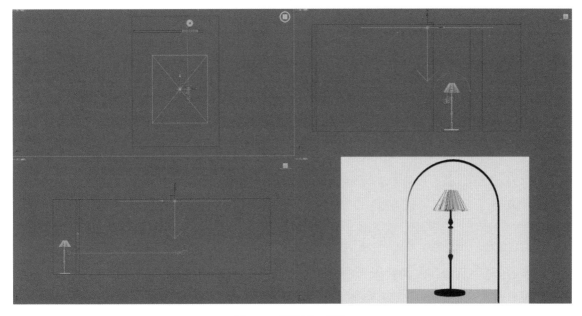

图4-36 添加VRay灯光1

（2）在右侧"修改"命令面板中对创建的VRay灯光进行设置，具体操作如下。

① 选择"类型"为平面，"倍增器"设置为2，"颜色"为暖白色，如图4-37所示。

② 勾选"投射阴影""不可见""影响漫反射""影响镜面""影响反射"，设置"细分"值为8，如图4-38所示。

（3）在右侧"创建"命令面板，继续添加VRay灯光，设置"类型"为球体，放置到落地灯的灯罩内，其位置如图4-39所示。

图4-37　VRay灯光参数设置1

图4-38　VRay灯光参数设置2

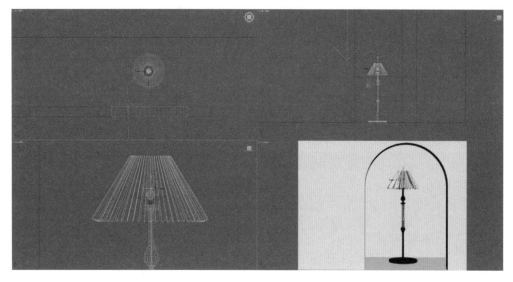
图4-39　添加VRay灯光2

（4）在右侧"修改"命令面板中对创建的VRay灯光进行设置，具体操作如下。

① 设置"类型"为球体，"倍增器"设置为60，"颜色"为暖白色，如图4-40所示。

② 勾选"投射阴影""不可见""影响漫反射""影响镜面""影响反射"，设置"细分"值为8，如图4-41所示。

（5）切换到摄影机视图，按F9快捷键渲染当前视图，完成效果如图4-42所示。

（6）返回界面，打开右侧"创建"命令面板，添加光度学灯光，在落地灯灯罩中创建目标灯光，其位置如图4-43所示。

图4-40 VRay灯光参数设置3

图4-42 案例训练4-5初步完成图

图4-41 VRay灯光参数设置4

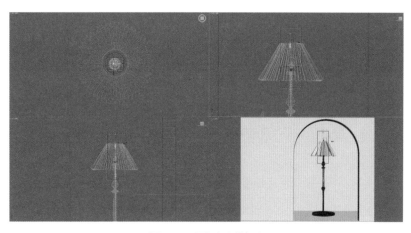

图4-43 添加光度学灯光

（7）选择上一步创建的目标灯光，在右侧的"修改"命令面板中，设置目标灯光参数。

① 在"常规参数"卷展栏下勾选"启用"，设置阴影类型为VRay阴影。

② 设置灯光分布为"光度学Web"，在光度学Web卷展栏中，点击〈选择光度学文件〉，选择"筒灯.IES"。

③ 在"强度/颜色/衰减"卷展栏下设置发光强度为3000，颜色改为暖黄色。

④ 在VRay阴影卷展栏下勾选"区域阴影"，参照案例训练4-4的步骤（2）来完成设置。

（8）切换到摄影机视图，按F9快捷键渲染当前视图，最终渲染完成如图4-44所示。

图4-44 案例训练4-5最终渲染完成图

图4-45　客厅灯光效果图

案例训练4-6　布置客厅空间灯光

绘制如图4-45所示的灯光效果图。

【练习目的】

运用所学的灯光知识布置客厅空间灯光。

【操作要求】

（1）创建VRay球体灯光；

（2）创建目标灯光；

（3）添加光度学Web；

（4）布置室内灯光的叠光技巧。

【案例训练实施】

（1）添加环境光。

① 打开本书学习资源中的"场景文件→CH4→03.max"文件，在右侧"创建"命令面板选择VRay灯光，在顶视图中创建VRay灯光，类型为"平面"，其位置如图4-46所示。在右侧"修改"命令面板中对创建的VRay灯光进行设置，设置"类型"为平面，"倍增器"设置为5，"颜色"为天蓝色（模仿天空的颜色），勾选"投射阴影""不可见""影响漫反射""影响镜面"，如图4-47所示。

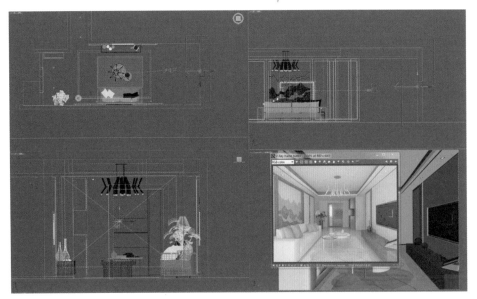

图4-46　添加平面型VRay灯光

图4-47　VRay灯光的参数设置

② 添加完环境光，按F9渲染摄影机视图。

（2）添加室内筒灯。

① 在"创建"命令面板中选择"光度学"的"目标灯光"，在图4-48所示位置中添加目标灯光。

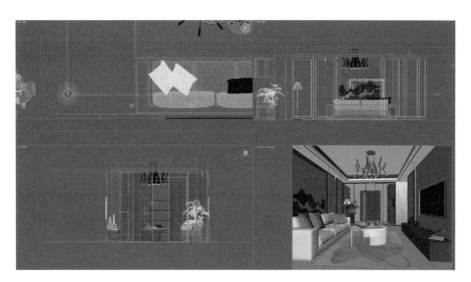

图4-48 添加"光度学"的目标灯光

② 选择上一步创建的目标灯光,在右侧的"修改"命令面板中,设置目标灯光参数。在"常规参数"卷展栏下勾选"启用",设置阴影类型为VRay阴影,设置灯光分布为"光度学Web",如图4-49所示。在光度学Web卷展栏中,点击"〈选择光度学文件〉",选择"筒灯.IES"。在"强度/颜色/衰减"卷展栏下设置光通量为2500,颜色改为暖黄色,如图4-50所示。在VRay阴影卷展栏下勾选"区域阴影",接着修改下方数值,如图4-51所示。

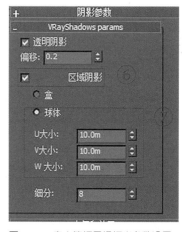

图4-49 室内筒灯目标灯光参数设置1　　图4-50 室内筒灯目标灯光参数设置2　　图4-51 室内筒灯目标灯光参数设置3

③ 在顶视图中,选中上一步创建的目标灯光,选择"实例"来复制目标灯光,放置在筒灯下面,位置如图4-52所示。

(3)添加灯槽里的灯带。

① 在右侧"创建"命令面板选择VRay灯光,在顶视图中创建VRay灯光面光,选择"实例"来复制VRay灯光,放置在吊顶上的灯槽内,其位置如图4-53所示。在右侧"修改"命令面板中对创建的VRay灯光进行设置,设置"类型"为平面,"倍增器"设置为3,"颜色"为暖白色,勾选"投射阴影""不可见""影响漫反射""影响镜面"。

② 继续创建VRay灯光面光,其位置如图4-54所示。在右侧"修改"命令面板中对创建的VRay灯光进行设置,设置"类型"为平面,"倍增器"设置为6,"颜色"为暖白色,勾选"投射阴影""不可见""影响漫反射""影响镜面"。

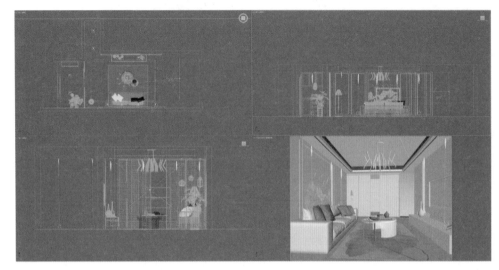

图4-52 复制目标灯光

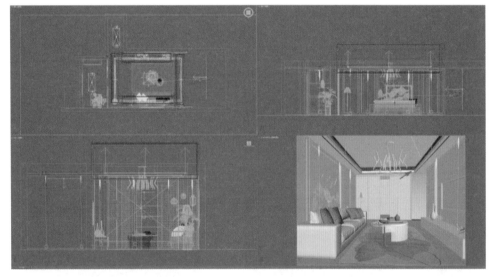

图4-53 添加VRay灯光面光1

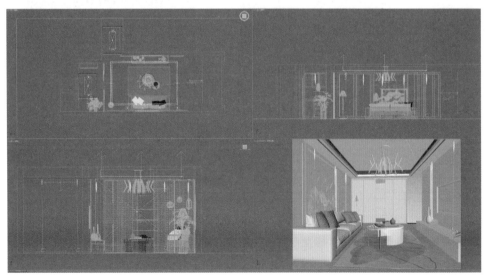

图4-54 添加VRay灯光面光2

（4）添加落地灯灯光和吊灯光源。

① 落地灯灯光布置参照案例训练4-5。

② 继续创建VRay灯光面光，其位置如图4-55所示。在右侧"修改"命令面板中对创建的VRay灯光进行设置，设置"类型"为平面，"倍增器"设置为20，"颜色"为暖白色，勾选"投射阴影""不可见""影响漫反射""影响镜面"。

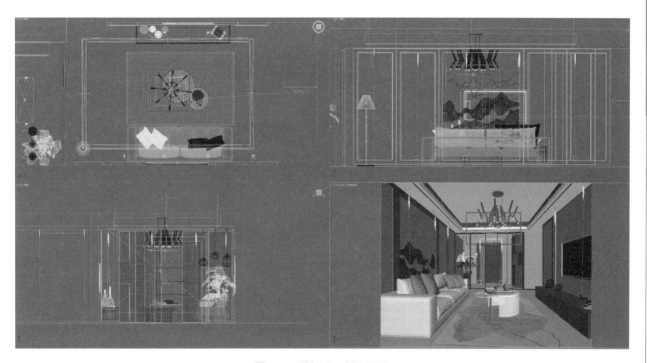

图4-55　添加VRay灯光面光3

（5）按F9渲染摄影机视图，最终完成客厅效果如图4-45所示。

学后训练　卧室柔和日光表现

本案例用到的工具有目标灯光、VRay灯光、目标摄影机，效果如图4-56所示。

图4-56　卧室效果图

5

材质与贴图

知识目标

- 掌握材质编辑器的使用方法；
- 掌握常用材质的设置原理；
- 掌握贴图的使用方法。

素质目标

- 培养学生分析和解决问题的能力；
- 在案例训练中培养创新意识和工匠精神；
- 用案例设计，加强学生对自己未来的思考，培养终身学习意识。

学习重点

掌握常用材质的编辑和使用方法，掌握常用贴图的使用方法。

评分细则

序号	评分点	分值/分	得分条件	判分要求
1	材质编辑器	10	使用材质编辑器制作简单材质	制作玻璃、金属等材质
2	VRay灯光材质	10	制作筒灯	可以自由发挥，创建其他灯光材质
3	VRayMtl材质	10	熟悉、掌握各种参数的设置	制作常用材质

模型的颜色、纹理、光泽度、透明度等都要依靠材质来表现，所以说材质在效果图中是很重要的。在3ds Max中，使用VRay材质创建出来的模型效果更真实。

5.1 材质编辑器

在3ds Max中，对所有材质的编辑都是在材质编辑器中实现的。在主工具栏中，按住"材质编辑器"按钮，出现的下拉菜单中，选择第一个精简材质编辑器。精简材质编辑器是做效果图的常用编辑器，比较简易、方便操作，打开以后弹出材质编辑器的对话框，如图5-1所示。

5.1.1 材质编辑器的工具栏

精简材质编辑器界面由顶部的菜单栏、菜单栏下面的示例窗以及示例窗右侧和底部的工具栏等组成，工具栏中的各工具详解如表5-1所示。

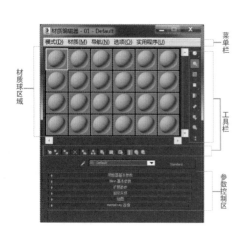

图5-1 精简材质编辑器

表5-1 工具栏工具介绍

按钮	工具名称	功能说明
	采样类型	可以改变材质编辑器中材质球的形状，以便观察。改变材质球的形状不会改变场景中材质的形状，可以选择球体、柱体、长方体等
	背光	默认打开，可以显示材质球的反光程度
	背景	默认关闭，只有在做玻璃材质的时候才会打开
	生成预览	用于产生、浏览渲染后的材质
	按材质选择	点击此按钮，可选择当前场景中使用过某材质的所有模型
	获取材质	从材质库中导入材质到材质编辑器，也可将材质编辑器中的材质导入到材质库。点击此按钮后在对话框左侧"浏览自"中选"打开材质库"，从"文件"中选"打开"，找到材质库所在路径
	将材质放入场景	在编辑好材质后，单击该按钮可以更新已应用于对象的材质
	将材质指定给选定对象	只有场景中有被选物体时才被激活，点击此按钮将当前材质赋予场景中被选物体
	重置贴图	重置当前材质（已使用过的材质球）。点击此按钮弹出对话框，选择第一个选项，材质球和场景内物体的材质都会被重置，选第二个选项，只重置被选材质球材质，不会影响场景中的材质，所以一般选第二个
	视口中显示明暗处理材质	默认为关闭状态，打开场景中被赋予的贴图才会显示
	转到父对象	将当前材质上移一级
	转到下一个同级项	选定同一层级的下一贴图或材质
	从对象拾取材质	拾取场景中的物体材质到选取的材质球
	材质类型	在这里选择标准材质Standard、VRayMtl等材质，默认为标准材质Standard

5.1.2　材质编辑器的材质球

材质球区域主要用来显示材质效果，如图5-2所示。材质球区域一共有24个材质球，在这个范围内点击右键可选择3×2、5×3、6×4示例窗。

一个材质球只对应场景中一种材质，而不一定只对应一个物体，因为同种材质的物体可能有很多。

材质球的边框及四角标志含义如下：

① 已赋予场景中物体的材质：四角为三角形；

② 没有赋予场景中物体的材质：四角无三角形；

③ 当前被选材质球：有白色方形边框；

④ 场景中被选物体的材质：四角为实心三角形。

图5-2　材质球区域

5.2　常用材质

点击"Standard"，在弹出的对话框中可以看到多种材质类型，如图5-3所示。其中V-Ray分类下的VRay灯光材质、VRayMtl材质、VRay混合材质是本节学习的重点。

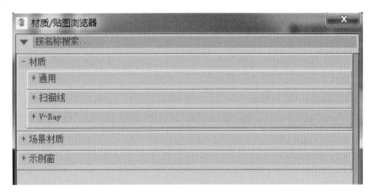

图5-3　材质大类

5.2.1　VRay灯光材质

VRay灯光材质用来制作自发光的物体，其参数如图5-4所示；各参数设置详解见表5-2。

表5-2　VRay灯光材质卷展栏参数命令列表

名称	功能说明
颜色	设置自发光物体的发光颜色，后面的数值用来设置自发光的强度，后面的贴图可以在物体表面加载来替代自发光的颜色
不透明	用贴图来替代发光物体的透明度
背面发光	控制发光物体的背面是否发光
补偿摄影机曝光	勾选后自发光物体的光照效果影响摄影机的曝光程度
用不透明度倍增颜色	勾选后可以通过加载位图来控制物体的发光强度，颜色越浅，光照越强

续表

名称	功能说明
置换	控制位图的亮度，数值越大，发光程度越强
直接光照	控制VRay灯光材质是否参与直接照明计算

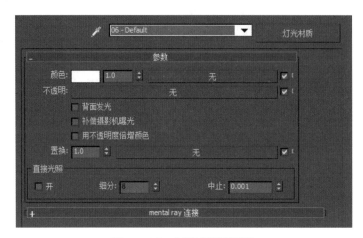

图5-4 VRay灯光材质参数设置

案例训练5-1　用VRay灯光材质制作装饰灯

制作如图5-5所示的装饰灯效果图。

【练习目的】

熟识并使用VRay灯光材质。

【操作要求】

（1）运用所学的样条线知识；

（2）给模型添加VRay灯光材质。

【案例训练实施】

二维码5.1

（1）在前视图中绘制样条线，如图5-6所示。绘制完样条线后，在"渲染"卷展栏下，勾选"在视口中启用"和"在渲染中启用"，勾选"径向"，设置"厚度"值为8。

图5-5 装饰灯效果图

图5-6 "渲染"卷展栏参数设置

（2）选择一个空白材质球，然后设置材质类型为VRay灯光材质，接着在卷展栏下设置发光强度为5、"颜色"为亮白色，如图5-7所示。

（3）选择一个空白材质球，然后设置材质类型为VRay灯光材质，接着在卷展栏下设置发光强度为5、颜色如图5-8所示。

（4）选择一个空白材质球，然后设置材质类型为VRay灯光材质，接着在卷展栏下设置发光强度为5、颜色如图5-9所示。

（5）将做好的材质指定给场景中的模型，方法如图5-10所示；然后按F9键渲染当前视图，最终渲染完成如图5-11所示。

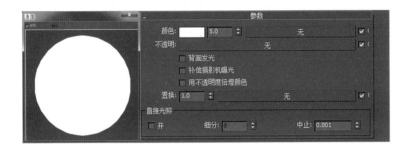

图5-7　VRay灯光材质参数设置1

图5-8　VRay灯光材质参数设置2

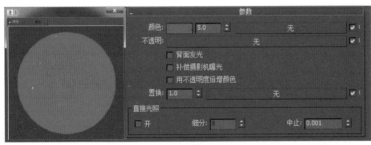

图5-9　VRay灯光材质参数设置3

图5-10　材质赋予装饰灯模型

图5-11 案例训练5-1最终完成图

5.2.2 VRayMtl材质

VRayMtl材质是最常使用的材质之一，常被用于做室内外的模型，其参数设置如图5-12所示。打开"基本参数"卷展栏，如图5-13所示；"基本参数"卷展栏各参数详解如表5-3所示。

表5-3 VRayMtl材质"基本参数"卷展栏参数命令列表

名称	功能说明
漫反射	颜色为物体固有色，调节颜色可以改变物体的表面颜色；贴图■为在物体表面贴图
粗糙	数值越大，粗糙效果越明显
反射	颜色为物体反光程度，黑色为不反光，白色为完全反光，反射程度是由颜色的灰度来控制的，也可以使用贴图来控制反射的强度
菲涅尔反射	这是模仿真实生活中的反射现象
高光光泽	控制材质的高光大小
反射光泽	控制反射的模糊效果，可以控制反射的模糊程度，数值越小则越模糊
细分（反射）	用来调整反射光泽度的细化程度，数值越高，渲染的时间越长
最大深度（反射）	反射的次数，值越高，反射的效果越好，但是会增加渲染的时间
折射	黑色为不透明，白色为完全透明，根据物体透明程度来选择合适的颜色
折射率（IOR）	设置物体的折射率
光泽	光泽度为物体透明的模糊程度，数值越小则越模糊，如普通白玻璃光泽度为1.0，磨砂玻璃光泽度为0.7
最大深度（折射）	用来设置折射的最大次数
影响阴影	用来控制透明物体产生的阴影，勾选这个选项会产生真实的阴影
雾颜色	修改透明物体的颜色
烟雾倍增	值越大，透明颜色越浓，不推荐使用大于1的值

"选项"卷展栏如图5-14所示；卷展栏各命令详解如表5-4所示。

图5-12　VRayMtl材质参数设置卷展栏

图5-14　VRayMtl材质"选项"卷展栏参数设置

图5-13　VRayMtl材质"基本参数"卷展栏参数设置

表5-4　VRayMtl材质"选项"卷展栏参数命令列表

名称	功能说明
跟踪反射	控制光线是否跟踪反射。如果不勾选该选项，则V-Ray将不渲染反射效果
跟踪折射	控制光线是否跟踪折射。如果不勾选该选项，则V-Ray将不渲染折射效果
双面	控制V-Ray渲染的面是否为双面

"贴图"卷展栏如图5-15所示，"贴图"卷展栏下各参数详解如表5-5所示。

可以把物体材质分为"质感"和"纹理"两部分。"质感"是物体具有辨识度的特性，比如布料、玻璃、油漆、金属等。"纹理"如布料当中的竖纹、斜纹或花纹，油漆面可能是木纹或贴图的等。常用的贴图有漫反射、反射、折射、凹凸、置换等。

表5-5　VRayMtl材质"贴图"卷展栏参数命令列表

名称	功能说明
漫反射	同"基本参数"卷展栏下的"漫反射"选项
反射	同"基本参数"卷展栏下的"反射"选项
折射	同"基本参数"卷展栏下的"折射"选项
凹凸	制作物体表面凹凸的效果
置换	比凹凸更夸张的效果，一般用来制作长毛的地毯材质

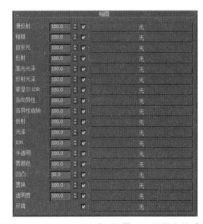

图5-15　VRayMtl材质"贴图"卷展栏参数设置

5.2.3　VRay混合材质

VRay混合材质是让多个材质进行混合来模拟物理世界中的复杂材质，VRay混合材质可以使对象外表面和内里同时被渲染，可以使内外显示不同的纹理贴图。就像Photoshop里的图层，所有图层堆叠到一起形成最终的图片，其参数如图5-16所示。

VRay混合材质由1个"基本材质"和最多9个"壳材质（镀膜材质）"组成。"基本材质"可以理解为最底层的材质，而"镀膜材质"是在最底层上面添加的材质。

"镀膜材质"的显示量是由后方通道中加载的贴图决定的，通道识别灰度贴图，按照"白透黑不透"的原则控制"镀膜材质"的显色程度。

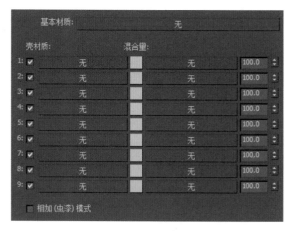

图5-16　VRay混合材质卷展栏参数设置

案例训练5-2　用VRayMtl混合材质制作花瓶

制作如图5-17所示的花瓶效果图。

【练习目的】

熟识并使用VRayMtl混合材质。

【操作要求】

（1）能够自由发挥并运用所学的VRayMtl混合材质知识；

（2）给花瓶添加VRayMtl材质；

（3）给花瓶添加VRay混合材质。

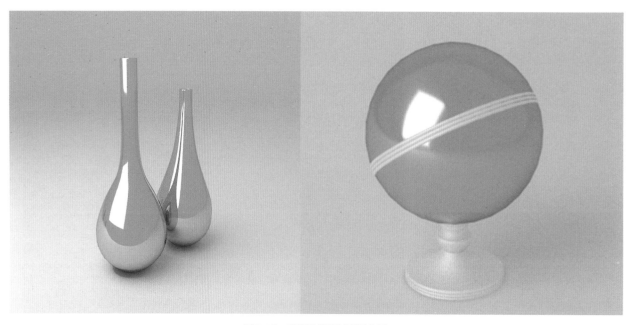

图5-17　花瓶效果和材质球效果

【案例训练实施】

（1）打开本书学习资源中的"场景文件→CH5→01.max"文件，如图5-18所示。

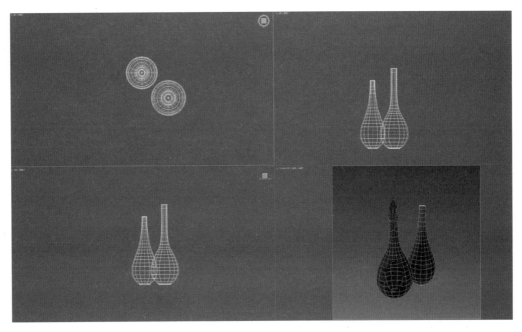

图5-18 打开花瓶文件

（2）打开材质编辑器，选择空白材质球，加载VRayMtl材质，参数如图5-19所示。后续操作如下。

① 在"漫反射"通道中加载"衰减"贴图，然后在"衰减"贴图的"前"通道中加载贴图，接着设置"前"通道量为80、"侧"通道量为100、"衰减类型"为"垂直／平行"，点击▓返回VRayMtl界面。

② 在"反射"通道中加载贴图，设置"高光光泽"为0.9，"反射光泽"为0.9，勾选"菲涅尔反射"，"菲涅尔IOR"为30。

图5-19 加载VRayMtl材质并设置参数

③ 在"贴图"卷展栏下"光泽"通道中同样加载步骤②中加载的文件，设置"高光光泽"为0.9，"反射光泽"为0.9，勾选"菲涅尔反射"，"菲涅尔IOR"为30，在"贴图"卷展栏中设置"光泽"通道量为80。

（3）点击"VRayMtl"按钮，在弹出的对话框中选择VRay混合材质，在接下来弹出的对话框中选择"将旧材质保存为子材质"并点击"确定"。切换到"VRay混合参数"面板，把"基本材质"通道的材质拖拽到"镀膜材质"中，在弹出的对话框中选择"复制"并点击"确定"，如图5-20所示。

（4）点击"镀膜材质"的通道，进入参数设置，如图5-21所示，并进行以下操作。

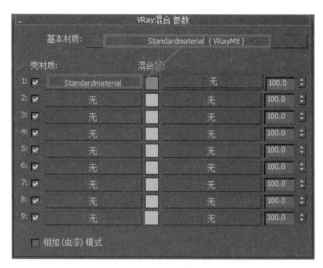

图5-20　加载VRay混合材质

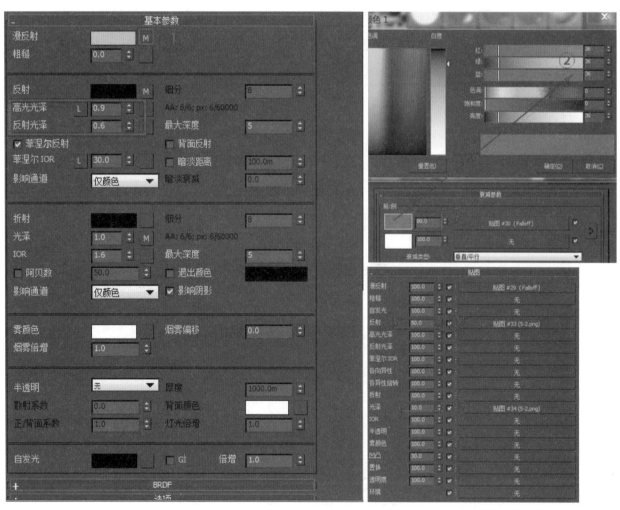

图5-21　加载镀膜材质

① 在"漫反射"通道中修改"衰减"贴图，然后在"衰减"贴图的"前"通道中修改通道颜色，接着设置"前"通道量为80，点击█返回VRayMtl界面。

② 在"反射"通道中加载贴图，相关参数见图5-21。

③ 在"贴图"卷展栏下设置"光泽"通道量为10、"反射"通道量为50，其余不变。

（5）返回至VRay混合材质，在"混合量"中加载贴图，并设置通道量为30，如图5-22所示。

（6）将做好的金属材质指定给模型，按F9渲染当前视图，效果如图5-23所示。

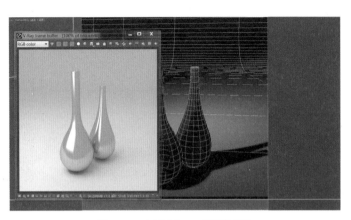

图5-22　设置VRay混合材质　　　　　　　　　　图5-23　案例训练5-2最终效果图

案例训练5-3　用VRayMtl材质制作水晶灯

制作如图5-24所示的水晶灯（吊灯）效果图。

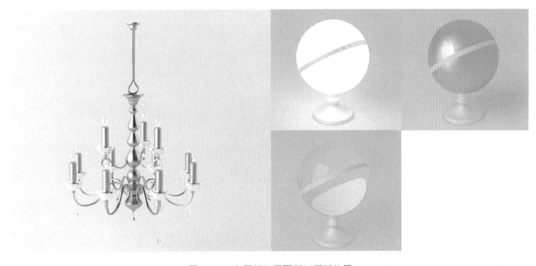

图5-24　水晶灯效果图和材质球效果

【练习目的】

熟识并使用VRayMtl材质。

【操作要求】

（1）运用所学的VRayMtl材质知识；

（2）给水晶灯添加VRayMtl材质；

（3）给水晶灯添加VRay灯光材质。

【案例训练实施】

（1）打开本书学习资源中的"场景文件→CH5→02.max"文件，如图5-25所示。

（2）在图5-26所示位置创建球体，打开材质编辑器后，选择一个空白材质球，然后设置材质类型为VRay灯光材质，接着在"参数"卷展栏下设置颜色发光的强度为4，如图5-27所示。

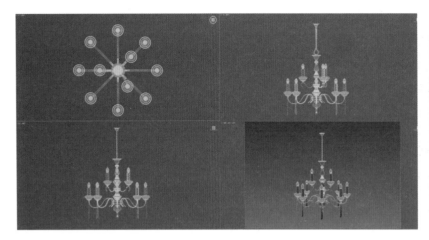

图5-25　打开水晶灯场景文件

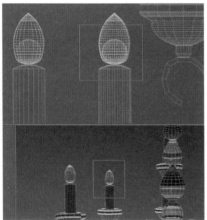

图5-26　添加球体

图5-27　选择VRay灯光材质并设置参数

（3）制作金属黄铜材质，具体操作如下。

① 选择空的材质球，然后设置材质类型为VRayMtl材质，修改"漫反射"颜色为黑色，如图5-28所示。

② 在"反射"通道中加载"混合"贴图，并设置颜色，如图5-29所示。

图5-28 修改"漫反射"颜色

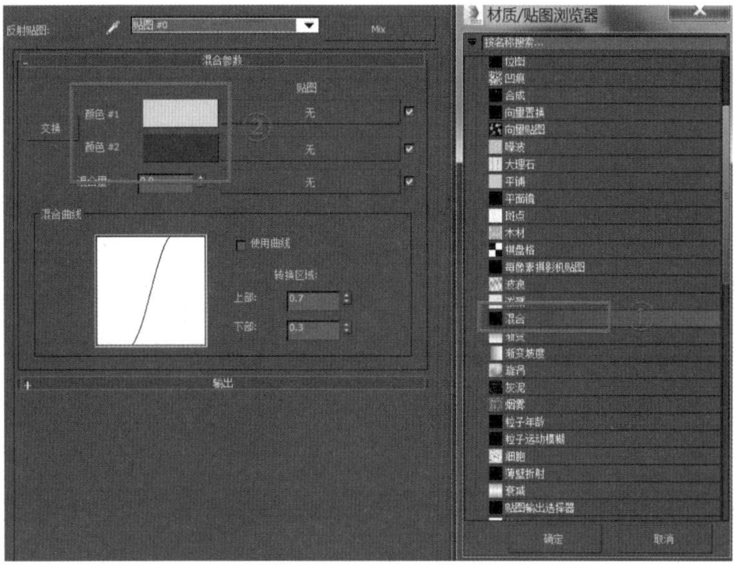

图5-29 混合贴图设置

③ 返回上一级，关闭"菲涅尔反射"，设置"反射光泽"为0.85，如图5-30所示。

④ 在"贴图"卷展栏下"反射光泽"通道中加载贴图，设置通道量为20；"凹凸"通道中加载"噪波"贴图，通道量为10，如图5-31所示。

⑤ 将做好的黄铜材质指定给模型，按F9渲染当前视图，效果如图5-32所示。

（4）下面制作水晶材质，具体操作如下。

① 选择一个空白材质球，设置材质类型为VRay混合材质，如图5-33所示，然后在第一个"镀膜材质"通道中加载VRayMtl材质。

② 在"基本参数"卷展栏下设置"漫反射"颜色为黑色、"反射"颜色为白色，然后勾选"菲涅尔反射"选项，并设置"最大深度"为6；接着设置"折射"颜色为白色，最后设置"IOR"为2.5、"最大深度"为5，参数设置如图5-34所示。

③ 在"BRDF"卷展栏下设置明暗器类型为"Phong"，如图5-35所示。

④ 在"选项"卷展栏下关闭"双面"选项，然后设置能量保存模式为单色（monochrome）。

⑤ 回到VRay混合材质层级，将前面设置好的VRayMtl材质拖拽到第二个"镀膜材质"通道中，继续向下复制，然后将三种材质的颜色修改为红、绿、蓝，用这三种颜色进行混合，如图5-36所示。

⑥ 制作好的材质如图5-37所示。

（5）将做好的材质指定给吊灯模型（图5-37），按F9渲染当前视图，最终效果如图5-38所示。

图5-30 "反射光泽"参数设置

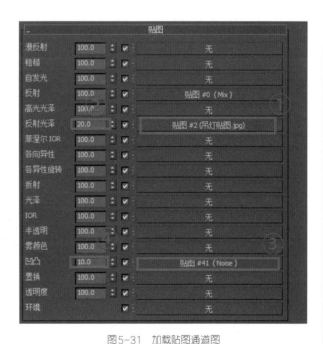

图5-31 加载贴图通道图

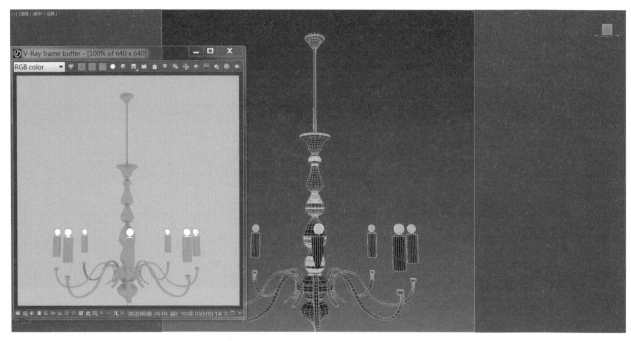

图5-32　材质赋予水晶灯模型1

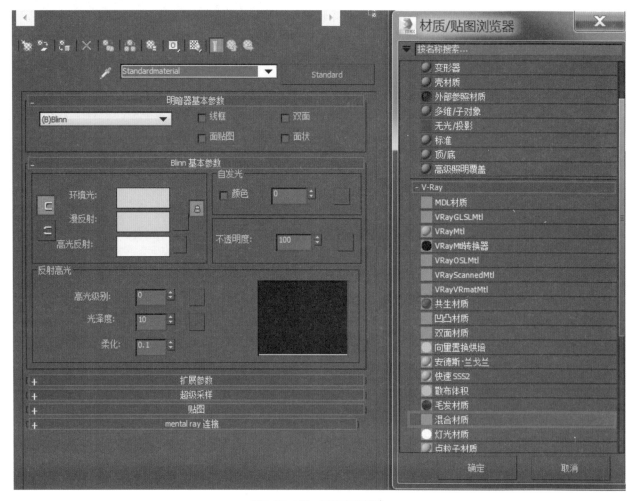

图5-33　VRay混合材质设置1

图5-35 "BRDF"卷展栏参数设置

图5-34 VRayMtl材质参数设置

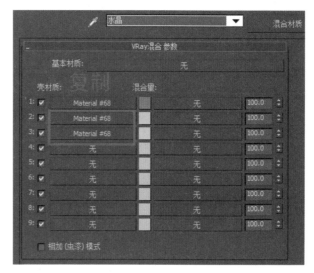

图5-36 VRay混合材质设置2

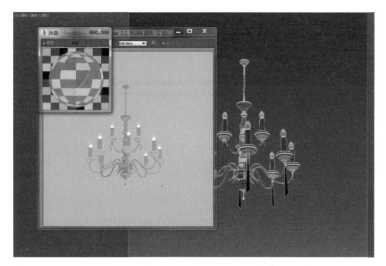

图5-37 材质赋予水晶灯模型2

图5-38 案例训练5-3最终完成图

5.3 常用贴图

有一些材质用参数是无法制作出来的，因此要使用贴图。贴图可以更好地表现材质的纹理和质感，常用的贴图有位图、平铺贴图、衰减贴图、VRay法线贴图等，这也是本节讲解的重点。

5.3.1　位图

位图是最基本的贴图类型，也是非常常用的贴图类型。加载位图后，系统会弹出对话框，就可以选择要加载的贴图，贴图支持很多文件格式，如图5-39所示。

案例训练5-4　用位图制作书架

制作如图5-40所示的书架效果图。

【练习目的】

熟识并加载位图，调节材质参数。

【操作要求】

（1）运用所学的VRayMtl材质知识；

（2）给材质添加位图。

【案例训练实施】

（1）打开本书学习资源中的"场景文件→CH5→03.max"文件，继续打开材质编辑器，选择空白材质球，加载VRayMtl材质，并进行以下操作。

① 在"漫反射"贴图通道中加载贴图文件3-1"书架"，如图5-41所示。

图5-39　贴图支持的格式

图5-40　书架效果图和材质球效果

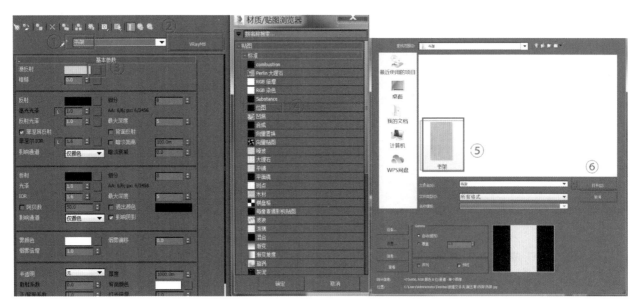

图5-41　加载位图

② 在"反射"选项组下设置反射颜色为指定颜色（红：47，绿：47，蓝：47），然后设置"高光光泽"为0.95、"反射光泽"为0.85，如图5-42所示。

（2）将制作好的材质指定给书架模型，如图5-43所示，按F9渲染当前视图。

（3）最终效果如图5-44所示。

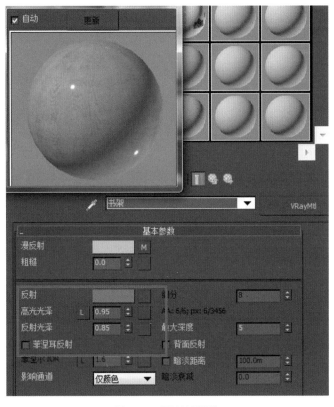

图5-42　调整材质参数

图5-43　材质赋予书架模型

图5-44　案例训练5-4最终完成图

5.3.2　平铺贴图

平铺贴图是用来制作瓷砖的贴图，提供了8种平铺方式，如图5-45所示。

案例训练5-5　用平铺贴图制作地砖

制作如图5-46所示的地砖效果图。

图5-45　平铺方式

图5-46　地砖效果图和材质球效果

【练习目的】

熟识并加载平铺贴图，调节材质参数。

【操作要求】

（1）运用所学的VRayMtl材质知识；

（2）给材质添加位图；

（3）使用平铺贴图来设置地砖铺贴。

【案例训练实施】

（1）打开本书学习资源中的"场景文件→CH5→04.max"文件，打开材质编辑器，选择空白材质球，加载VRayMtl材质，如图5-47所示。设置步骤如下。

① 在"漫反射"通道中加载"平铺"贴图，如图5-48所示。

② 在"标准控制"卷展栏中设置"预设类型"为"1/2连续砌合"；在"平铺设置"的"纹理"通道中加载地砖文件4-1，如图5-49所示。设置"水平数"为3、"垂直数"为2、"淡出变化"为0.05；在"砖缝

图5-47　加载VRayMtl材质

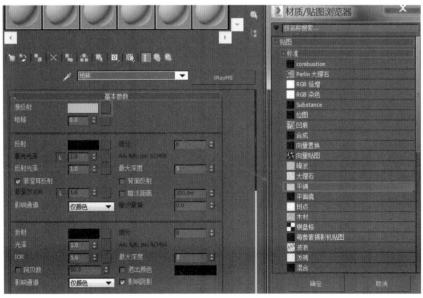

图5-48　加载"平铺"贴图

设置"的"纹理"通道中加载地砖缝4-2文件，设置"水平间距""垂直间距"都为0.05，如图5-50所示。

③ 点击█返回VRayMtl材质面板，设置反射颜色为指定颜色（红：240，绿：240，蓝：240）、"反射光泽"为0.95，如图5-51所示。

④ 将材质赋予地面模型。

（2）按F9键渲染场景，最终效果如图5-52所示。

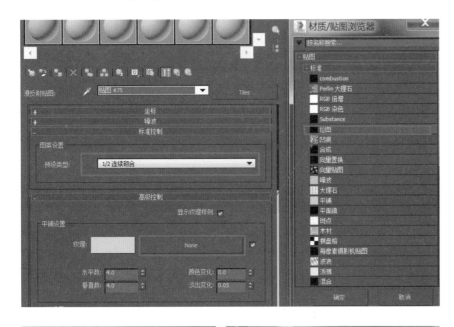

图5-49　参数设置1

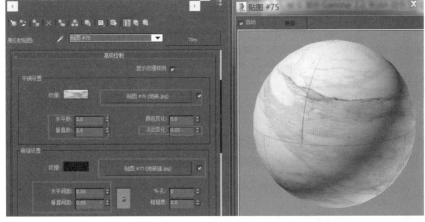

图5-50　参数设置2

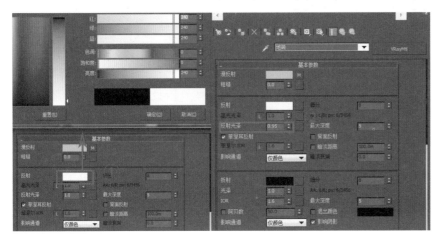

图5-51　设置反射颜色和反射光泽

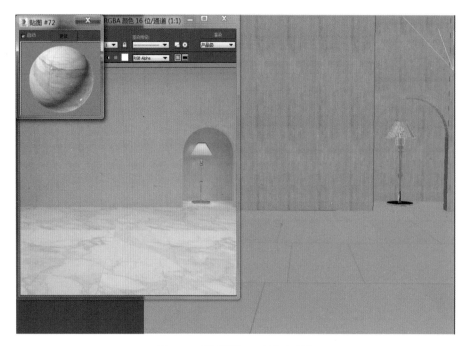

图5-52　案例训练5-5最终完成图

5.3.3　衰减贴图

衰减贴图是用来控制材质从强烈到柔和过渡的贴图，在贴图中比较常用，其参数如图5-53所示。衰减贴图卷展栏各参数详解，如表5-6所示。

图5-53　衰减贴图卷展栏

表5-6　衰减贴图卷展栏参数命令列表

名称	功能说明
衰减类型	有五种类型，其中"垂直/平行"是常用的，这种衰减类型可用于制作绒布、纱帘等材质
衰减方向	设置衰减的方向

5.3.4　VRay法线贴图

VRay法线贴图可以让凹凸纹理的材质更加真实，有两种用法：第一种是把VRay法线贴图直接添加到"凹凸贴图"通道中；第二种用法是加载蓝色的法线贴图，通道会自动识别法线贴图颜色的深浅来制作出凹凸的纹理效果。

案例训练5-6　用VRay法线贴图制作造型墙

制作如图5-54所示的造型墙效果图。

【练习目的】

熟识并加载贴图，调节材质参数。

【操作要求】

（1）运用所学的VRayMtl材质知识；

（2）给材质添加位图；

（3）使用VRay法线贴图来制作凹凸材质。

【案例训练实施】

图5-54　造型墙效果图和材质球效果

（1）打开本书学习资源中的"场景文件→CH5→05.max"文件，打开材质编辑器，选择空白材质球，加载VRayMtl材质。在"漫反射"贴图通道中加载贴图文件5-1，如图5-55所示。

（2）在"凹凸贴图"通道中加载"VRay法线贴图"，在"法线贴图"中加载蓝色的法线贴图，接着设置倍增为2.5，如图5-56所示。

（3）将制作好的材质赋予墙面，效果如图5-57所示。

图5-55　加载VRayMtl材质添加贴图

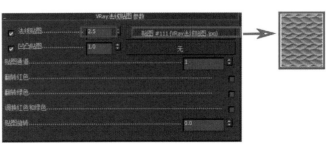

图5-56　加载蓝色的法线贴图并设置参数

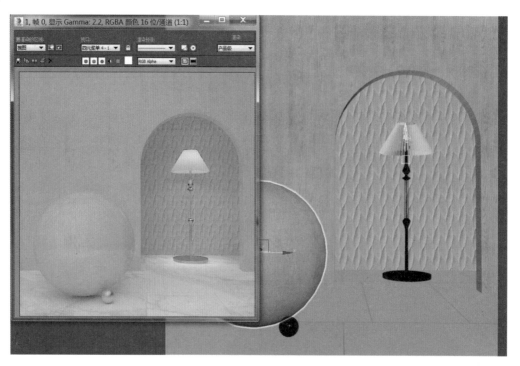

图5-57　墙面赋予材质后的效果

案例训练5-7　用衰减贴图、VRay法线贴图制作粉色沙发

制作如图5-58所示的粉色沙发效果图。

图5-58　粉色沙发效果图和材质球效果

【练习目的】

熟识并加载贴图，调节材质参数。

【操作要求】

（1）运用所学的VRayMtl材质知识；

（2）给材质添加位图；

（3）使用衰减贴图来制作沙发材质。

【案例训练实施】

（1）打开本书学习资源中的"场景文件→CH5→06.max"文件，打开材质编辑器，选择空白材质球，加载VRayMtl材质。设置步骤如下。

① 在"漫反射"通道中加载"衰减"贴图，如图5-59所示。

② 单击"交换颜色／贴图"按钮交换"前"通道和"侧"通道的颜色，然后在两个通道中加载文件，如图5-60所示。接着设置"前"通道量为80，"衰减类型"为"垂直／平行"，如图5-61所示。

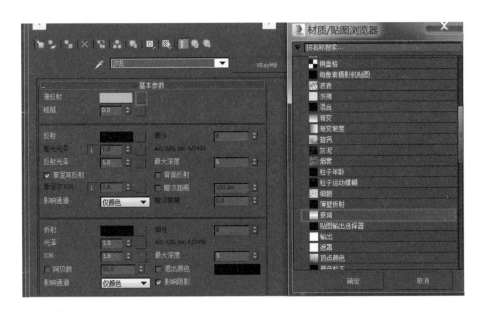

图5-59 加载"衰减"贴图

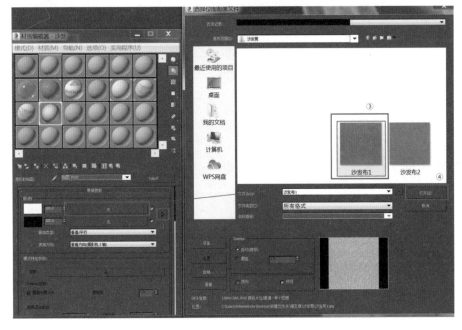

图5-60 加载贴图

③ 点击█返回VRayMtl材质面板，设置反射颜色为指定颜色（红：153，绿：153，蓝：153）、"反射光泽"为0.8，如图5-62所示。

④ 在"BRDF"卷展栏中设置类型为"Ward"，如图5-63所示。在"贴图"卷展栏的"凹凸"通道中加载VRay法线贴图，然后在"凹凸贴图"通道中加载位图，接着设置倍增为1.5，如图5-64所示。

图5-61 衰减参数设置

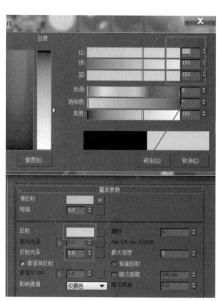

图5-62 设置VRayMtl材质参数

⑤ 返回"贴图"卷展栏，设置"凹凸"通道量为60。

（2）将制作好的沙发材质球向右边复制一个，命名为"沙发靠垫"，进入VRayMtl材质面板，点击"漫反射"通道，接着设置"前"通道量为100，如图5-65所示。

图5-63 "BRDF"卷展栏设置类型

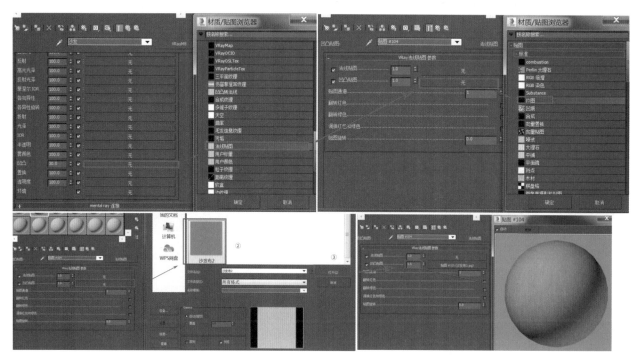

图5-64 参数设置流程

（3）将材质赋予场景中的沙发布模型，如图5-66所示。

（4）按F9键渲染当前场景，最终效果如图5-67所示。

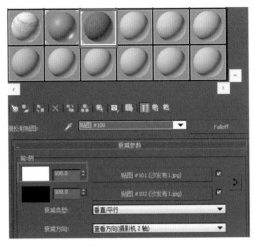

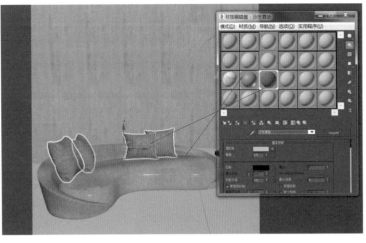

图5-65 设置"前"通道量

图5-66 材质赋予沙发布模型

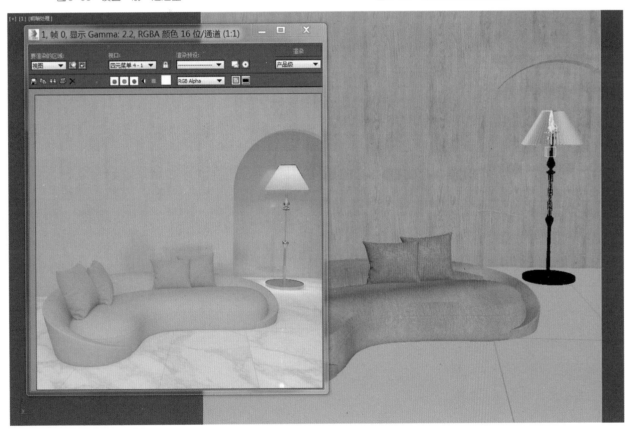

图5-67 赋予材质后的效果

5.4　UVW贴图

　　"UVW贴图"修改器是用来修改已经赋予材质的模型上的贴图,其参数面板如图5-68所示。

　　一共有7种投射方式,分别是"平面""柱形""球形""收缩包裹""长方体""面""XYZ到UVW"。可以通过设置"长度""宽度""高度"的数值,修改贴图的大小形状直到适合模型。

图5-68 "UVW
贴图"参数卷展栏

5.5 外景贴图

环境对室内效果的氛围营造也同样起着作用，可以给环境添加水雾和体积光等效果。室外环境由背景和环境光、特色效果组成，室外背景通常用外景贴图来实现，环境光常用VRay太阳和目标平行光来表现。

案例训练5-8 为书房添加环境光和背景

制作如图5-69所示的书房效果图。

图5-69 书房效果图

【练习目的】

掌握制作室外环境的流程。

【操作要求】

（1）运用所学的VRayMtl材质知识；

（2）使用UVW贴图进行调整；

（3）给环境添加环境光。

【案例训练实施】

（1）打开本书学习资源中的"场景文件→CH5→07.max"文件，场景中布置了摄影机、灯光和材质，此时需要在窗外创建外景贴图。在顶视图中使用"弧"工具在窗外创建一个弧形样条线，然后为其加载"挤出"修改器，挤出数量为2800，效果如图5-70所示。

（2）按M键打开材质编辑器面板，选中一个空白材质球，然后将其转换为VRay灯光材质，并在"颜色"通道中加载位图，设置倍增值为2，如图5-71所示，将材质赋予步骤（1）中创建的模型。

（3）这时观察贴图并不是很理想，选择步骤（1）创建的模型，继续给弧形添加UVW贴图。在右侧"修改"面板中UVW贴图的"参数"卷展栏，设置贴图为"长方体"，按图5-72所示数据调节参数，点击 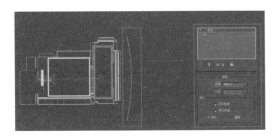，选择"Gizmo"，这时使用缩放工具或"选择并移动"工具，修改的只是贴图，不会影响模型大小和位置。

图5-70 创建弧形并加载"挤出"修改器

图5-71 添加位图

图5-72 加载"UVW"贴图

（4）切换到摄影机视图，按F9渲染当前视图，效果如图5-73所示。

（5）添加环境光，首先使用VRay太阳工具，在场景中创建一盏灯光，其位置如图5-74所示。

（6）选中上一步创建的灯光，然后在"VRay太阳参数"卷展栏下设置"强度倍增"为0.01、"大小倍增"为4、"阴影细分"为7、"天空模型"为"Preetham et al."，具体参数设置如图5-75所示，接着按F9键测试渲染当前场景。

图5-73 调整材质后的效果

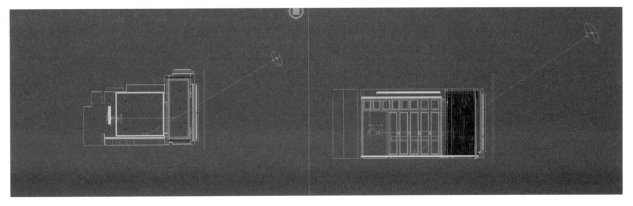

图5-74

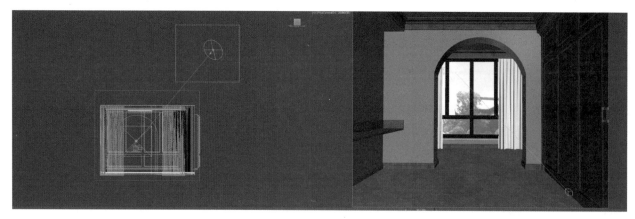

图5-74　添加VRay太阳

（7）在场景中添加目标平行光，其位置如图5-76所示。

（8）选中上一步创建的目标平行光，然后进入"修改"面板，具体操作如下。

① 展开"常规参数"卷展栏，勾选"阴影"选项组中的"启用"选项，设置阴影类型为VRay阴影，如图5-77所示。

② 展开"强度／颜色／衰减"卷展栏，设置"倍增"为0.2，设置颜色为指定颜色（红：250，绿：240，蓝：230），如图5-78所示。

图5-75　调整灯光参数1

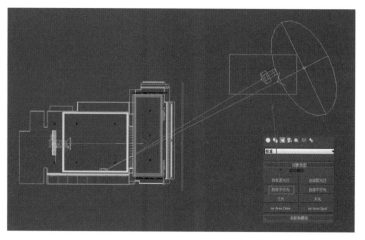

图5-76　添加目标平行光

③ 展开"平行光参数"卷展栏，设置"聚光区／光束"为450、"衰减区／区域"为500，如图5-79所示。

④ 展开"高级效果"卷展栏，然后在"投影贴图"通道中加载位图7-2，如图5-80所示。

（9）按8键打开"环境和效果"对话框，展开"大气"卷展栏，单击"添加"按钮，然后在弹出的"添加大气效果"对话框中选择添加"体积光"选项，单击"确定"按钮，如图5-81所示。确定后，"效果"选框中就出现了"体积光"。

（10）在"效果"选框中选择"体积光"选项，在"体积光参数"卷展栏下单击"拾取灯光"按钮拾取灯光，然后在场景中拾取目标平行光，勾选"指数"选项，并设置"过滤阴影"为"高"，具体参数设置如图5-82所示。

（11）按F9键渲染当前场景，最终效果如图5-83所示。

图5-77 调整灯光参数2

图5-78 设置灯光颜色

图5-79 "平行光参数"
卷展栏参数设置

图5-80 "高级效果"卷展栏
参数设置

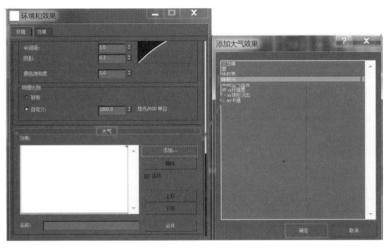

图5-81 添加"体积光"

图5-82 设置体积光参数

图5-83 案例训练5-8最终完成图

学后训练　添加简约风格客厅材质

本案例用到的工具有VRay灯光材质、VRayMtl材质、VRay混合材质，效果如图5-84所示。

图5-84　客厅案例完成效果图

6

V-Ray渲染器

▷ 知识目标

- 掌握 V-Ray 渲染器的用法；
- 掌握图像采样器和图像过滤器的使用方法；
- 掌握渲染的技巧并能处理各种渲染时产生的问题。

素质目标

- 培养学生分析和解决问题的能力；
- 培养学生创新意识；
- 提高学生的自学能力。

▷ 学习重点

掌握 V-Ray 渲染器的用法，可以结合之前章节的内容完成本章的案例训练。

评分细则

序号	评分点	分值/分	得分条件	判分要求
1	渲染引擎的常用搭配方式	10	提高成图的质量，提高制作的效率	调整渲染器的参数，渲染效果图
2	图像采样器和图像过滤器的常用搭配	10	减少图像噪点，加强图像清晰度	调整渲染器的参数，渲染效果图
3	V-Ray 渲染器	10	熟悉、掌握各种参数的设置	渲染简单的效果图

在使用 3ds Max 做效果图时，通常都是按照"建模→灯光→材质→渲染"这个步骤来完成的。渲染是最后一步，也是必不可少的一步，渲染可以让创建好的模型和灯光产生最真实的效果。渲染器有很多，比如 V-Ray 渲染器、RenderMan 渲染器、mental ray 渲染器、Brazil 渲染器、FinalRender 渲染器、Maxwell 渲染器和 Lightscape 渲染器等。本章主要讲解的是 V-Ray 渲染器的用法，通过本章的学习并结合前几章学的内容，渲染简单的场景。

6.1 加载V-Ray渲染器

3ds Max的渲染器有V-Ray渲染器、mental ray渲染器、Quicksilver硬件渲染器、VUE文件渲染器和默认扫描线渲染器，其中V-Ray渲染器是使用较广泛、效果好、简单、容易操作的渲染器，因此被广泛应用于建筑、工业设计、动画制作等领域中。

V-Ray渲染器是以插件的形式安装在3ds Max中，安装完V-Ray渲染器后，打开"渲染设置"，在"公用"选项卡下找到"指定渲染器"卷展栏，接着点击"产品级"选项后面的▇，最后在弹出的对话框中找到V-Ray渲染器，如图6-1所示。本书所讲解的渲染器为V-Ray3.60版本。

6.2 V-Ray选项卡

V-Ray渲染器的参数面板包括公用、V-Ray、GI、设置和Render Elements（渲染元素）五个选项卡，如图6-2所示。"V-Ray"选项卡又包含9个卷展栏，下面重点讲解"V-Ray"选项卡中的"帧缓冲""图像采样（抗锯齿）""图像过滤""全局DMC"和"颜色贴图"5个卷展栏下的参数，如图6-3所示。

6.2.1 V-Ray帧缓冲区

展开"帧缓冲"卷展栏，勾选"启用内置帧缓冲区"选项后，就替代了3ds Max自带的帧缓冲窗口。按F9键渲染场景，系统会弹出V-Ray帧缓冲区的窗口，如图6-4所示。

单击通道打开下拉列表，其中显示了渲染图像的通道，如图6-5所示。此通道默认显示RGB通道，除了RGB通道以外还有"Alpha"通道。切换到"Alpha"通道后，如果场景中没有设置过"Alpha"通道的对象，则场景是白色的，如图6-6所示。

点击单色模式▇，图像会变成灰度图像。这种模式用来检测场景灯光的明暗对比程度和阴影效果，如图6-7所示；V-Ray帧缓冲区工具详解如表6-1所示。

图6-1 加载V-Ray渲染器

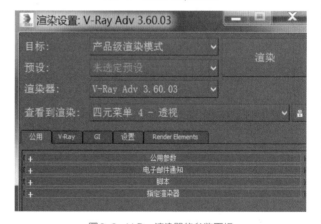

图6-2 V-Ray渲染器的参数面板

图6-3 "V-Ray"选项卡

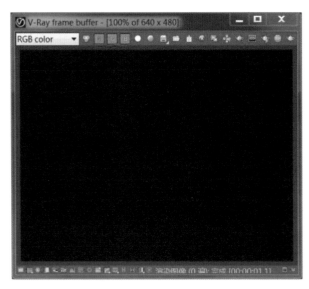

图6-4　帧缓冲区

图6-5　渲染图像的通道

图6-6　Alpha通道的白色场景

图6-7　单色模式

表6-1　V-Ray帧缓冲区工具列表

按钮	工具名称	功能说明
	保存图像	将渲染好的图像保存到指定的路径中，然后设置保存的名称、格式
	载入图像	载入V-Ray图像
	清除图像	清除帧缓冲中的图像
	复制到帧缓冲	可以将渲染好的图像复制一份到帧缓冲区，作为参考
	渲染时跟踪鼠标	系统会按照鼠标的位置，优先渲染鼠标所在位置
	区域渲染	在渲染区域中绘制一个矩形后，再次单击该按钮，系统会只渲染矩形内的区域，以节省渲染时间
	开始交互式渲染	系统会及时渲染每一步的效果，但渲染质量不高，常用于测试渲染
	停止渲染	在渲染进行中单击该按钮，停止渲染

和旧版的V-Ray相比，新版在渲染窗口下面增加了很多功能，可以在渲染后调节图像的亮度、色彩平衡、色阶和曲线等参数。这些功能类似Photoshop，但区别是不能对图像进行局部调整，因此大家不需要了解，在下一章会讲解如何在Photoshop中对效果图进行后期调整。

6.2.2　图像采样器

图像采样器在V-Ray渲染参数中是很重要的，它决定了渲染图像的精度和渲染时间，精度指的是物体边缘的光滑细化程度，如图6-8所示。

图像采样器的类型有两种，一种是"块"，一种是"渐进"。

① 渲染块是新版本中的渲染类型，旧版本为"固定""自适应""自适应细分"三种，以每一个格子为单位进行计算，如图6-9所示。

a. 固定：该采样方式适合用于拥有大量的模糊效果（如运动模糊、景深模糊、反射模糊、折射模糊

图6-8　图像采样器

图6-9　渲染块

等）或者具有高细节纹理贴图的场景。在这种情况下，使用"固定"方式能够兼顾渲染品质和渲染时间。

b. 自适应：这是最常用的一种采样方式，适合用于拥有少量的模糊效果或者具有高细节的纹理贴图以及具有大量几何体面的场景。

c. 自适应细分：该采样方式具有负值采样的高级抗锯齿功能，适用于没有或者有少量的模糊效果的场景，在这种情况下，它的渲染速度最快。但是在具有大量细节和模糊效果的场景中，它的渲染速度会非常慢，渲染品质也不高。

② "渐进"是V-Ray3.0版本后更新的渲染类型，该渲染方式是以像素点进行渲染，整体由粗糙变精细，和"块"相比渲染效果更加精细准确，如图6-10所示。

6.2.3　图像过滤器

图像过滤器是配合图像采样器一起使用的工具，勾选"图像过滤器"选项，"过滤器"的下拉列表会显示系统自带的过滤器类型，如图6-11所示。

图6-10　渐进

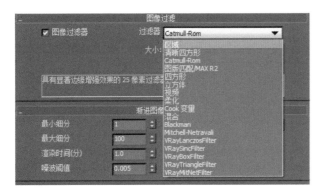

图6-11　图像过滤器

每种图像过滤器的渲染效果都是不一样的，本节主要讲解的过滤器有"区域""Catmull-Rom""Mitchell-Netravali""VRayLanczosFilter"，这四种过滤器是室内效果图中经常使用的。

① "区域"过滤器是用区域大小来计算"抗锯齿"，其计算的效果最差，但速度快，在测试渲染时用得最多，如图6-12所示。

② "Catmull-Rom"过滤器是具有边缘锐化效果的过滤器，可以产生较清晰的图像效果，在最终渲染时经常用到，如图6-13所示。

③ "Mitchell-Netravali"过滤器则是日常制作中经常使用的过滤器，会产生轻微的模糊效果，能遮挡一些噪点且不丢失细节，通常在最终渲染时使用，如图6-14所示。

④ "VRayLanczosFilter"过滤器是渲染器中默认的过滤器，可以很好地平衡渲染速度和渲染质量，如图6-15所示。

在制作室内效果图的时候需要比较清晰的图像效果，这里推荐的是"Catmull-Rom"过滤器，因为它能够使用较少的时间达到清晰的效果，边缘感也比较强。

使用"Mitchell-Netravali"过滤器能够得到更清晰的图像效果，但是要花很长的渲染时间。也就是说"Mitchell-Netravali"过滤器的效果比"Catmull-Rom"过滤器的效果要更好，如果要追求更清晰的效果，就可以选择"Mitchell-Netravali"过滤器。

图6-12 区域

图6-13 Catmull-Rom

图6-14 Mitchell-Netravali

图6-15 VRayLanczosFilter

6.2.4　块/渐进图像采样器

图像采样器的"类型"选择为"块"时，其参数面板会自动生成"块图像采样器"卷展栏，如图6-16所示；"块图像采样器"卷展栏工具详解，如表6-2所示。

图6-16　"块图像采样器"卷展栏

表6-2　"块图像采样器"卷展栏命令列表

工具名称	功能说明
最小细分	定义每个像素的样本最小数量，默认数值为1，不需要对它进行更改
最大细分	数值越大，渲染效果越好，但渲染速度也越慢，对比效果如图6-17和图6-18所示
噪波阈值	控制图像中的噪点数量，数值越小越好，但渲染速度也越慢，对比效果如图6-19和图6-20所示
渲染块宽度/高度	控制"块"的大小。设置"渲染块宽度"和"渲染块高度"的数值，"块"的大小对图像质量没有影响，一般保持默认值即可

图6-17　最大细分为1

图6-18　最大细分为20

图6-19　噪波阈值为0.1

图6-20　噪波阈值为0.01

图像采样器的"类型"选择为"渐进"时，其参数面板会自动生成"渐进图像采样器"卷展栏，如图6-21所示。

这里的渲染参数和块图像采样器里的参数作用一样，都控制着渲染图像的采样值。"渲染时间"是渲染的时间上限，数值越大则渲染时间越长，渲染后的图像质量越高。

下面介绍三种常用的图像采样器和图像过滤器的搭配方式，如表6-3所示。

表6-3　图像过滤器和图像采样器的搭配方式

搭配方式	功能说明
区域和渐进	图像过滤器为"区域"，图像采样器为"渐进"，这种搭配通常用于渲染测试图，因为测试图不需要很高的图像质量，只需要看清材质和场景灯光就可以了，方便对渲染出来的图像进行修改，所以追求的是渲染的速度
Catmull-Rom和块	图像过滤器为"Catmull-Rom"，图像采样器为"块"，这种搭配适用于渲染最终图像，可以很好地表现材质和灯光
Mitchell-Netravali和块	图像过滤器为"Mitchell-Netravali"，图像采样器为"块"，这种搭配适用于渲染最终图像，和上一种搭配的区别在于这种搭配可以渲染出模糊的效果（比如图片中添加了景深的效果），而上一种搭配主要让图像更加清晰，可以更清晰地看清模型

6.2.5　全局DMC

全局DMC又叫全局确定性蒙特卡洛，是一种高级的抗锯齿采样器，用来控制整体的渲染速度和质量，其参数如图6-22所示；"全局DMC"卷展栏参数详解如表6-4所示。

图6-21　"渐进图像采样器"卷展栏

图6-22　"全局DMC"卷展栏

表6-4　"全局DMC"卷展栏参数列表

工具名称	功能说明
使用局部细分	勾选此选项会激活材质和灯光的细分选项，不勾选就无法修改细分值
最小采样	用于计算图像的最小采样值，数值越大，渲染效果越好，但渲染速度也越慢
细分倍增	默认数值为1，数值越大，图像噪点越少，但会增加渲染时间
噪波阈值	可以控制图像的噪点，一般使用默认值

6.2.6　颜色贴图

颜色贴图用来控制渲染图像的颜色和曝光程度，参数如图6-23所示；"颜色贴图"卷展栏参数详解如表6-5所示。

表6-5　"颜色贴图"卷展栏参数列表

名称	功能说明
类型	提供7种不同的曝光方式
子像素贴图	用来缓解高光区域和非高光区域边界的黑边
钳制输出	用来调整"颜色贴图"对应类型图像后进行锁定
影响背景	控制颜色贴图是否让曝光模式影响背景

V-Ray渲染器中提供了7种曝光方式，如图6-24所示；常用的4种曝光方式详解，如表6-6所示。

图6-23　"颜色贴图"卷展栏

图6-24　7种曝光方式

表6-6　常用的4种曝光方式

名称	功能说明
线性叠加	"线性叠加"方式使画面明暗对比强烈，颜色更接近真实效果，但会造成画面局部曝光或局部发黑，效果如图6-25所示。通过修改"暗部倍增"和"亮部倍增"的数值可以控制画面暗部和亮部的亮度，"伽玛"值用来控制图像饱和度，数值越小则饱和度越大
指数	可以降低有光源处的曝光效果，画面不会出现曝光和发黑的部分；缺点是画面整体偏灰，没有层次感，饱和度降低，效果如图6-26所示
HSV指数	弥补了"指数"的缺点，缺点是取消了高光的计算
莱因哈德	"莱因哈德"方式是把"线性叠加"和"指数"曝光混合起来，效果如图6-27所示。它有一个"加深值"局部参数，用来控制"线性叠加"和"指数"曝光的混合。0表示"线性叠加"不参与混合；1表示"指数"不参与混合；0.5表示"线性叠加"和"指数"曝光效果各占一半

图6-25　线性叠加

图6-26　指数

图6-27　莱因哈德

6.3 GI选项卡

GI（间接照明）选项卡包含4个卷展栏，如图6-28所示。本节重点讲解"全局光照""发光贴图""灯光缓存"这三个。

图6-28 间接照明选项卡

6.3.1 全局光照

3ds Max的照明方式被分为两大类。第一类是直接照明，直接照明是指光源直接照射在物体上形成的光照效果。第二类是间接照明，间接照明是指光源照射到物体表面进行光照反射，最终在物体间相互传递。比如对于不能接收到光线的物体，打开间接照明后，光线会不断反射产生额外照明，这种光照效果比直接照明更真实、效果更好。

在V-Ray渲染器中，如果没有开启全局光照，得到的效果就是直接照明效果，如图6-29所示。环境中只有直接照明时，画面整体明暗对比强烈，尤其是餐椅底部和窗帘的阴影部分非常暗，看不到任何细节。

开启全局光照后，得到的是间接照明效果，光线会在物体与物体之间互相反射，形成的光照效果更加真实，如图6-30所示。此时场景中有直接照明和间接照明，物体的细节看得很清楚，明暗对比降低，场景变得明亮。因此，在效果制作中，全局光照是一定要开启的，"全局光照"卷展栏参数详解，如表6-7所示。

"全局光照"卷展栏中必须调整的参数是"首次引擎"和"二次引擎"，如图6-31所示，"发光贴图"和"灯光缓存"的搭配是做效果图时的常用搭配方法。

图6-29 未开启全局光照

图6-30 开启全局光照

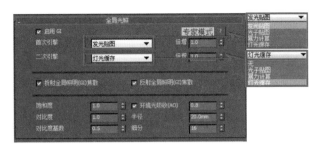

图6-31 "全局光照"卷展栏

表6-7 "全局光照"卷展栏参数列表

名称	功能说明
启用GI	是否开启间接照明
首次引擎	直接照明的反射,首次反射的引擎有四个,包括"发光贴图""光子贴图""暴力计算""灯光缓存"
二次引擎	光线的第二次反射,包括"光子贴图""暴力计算""灯光缓存"
饱和度	用来控制色溢,对比效果如图6-32所示
对比度	控制色彩的对比度,数值越高则色彩对比越强烈,对比效果如图6-33所示
对比度基数	数值越高,对比度效果越强烈

图6-32 饱和度的对比效果

图6-33 对比度的对比效果

6.3.2　发光贴图

"发光贴图"是"全局光照"卷展栏中"首次引擎"参数常用的选项，指的是空间中的任意一点以及全部可能照射到这点的光线，其参数如图6-34所示。"发光贴图"卷展栏参数详解，如表6-8所示。

表6-8　"发光贴图"卷展栏参数列表

名称	功能说明
当前预设	选择引擎的渲染质量，有八种质量可以选择
最小速率/最大速率	调节引擎的渲染质量，最小速率是控制场景中平坦区域的采样数量，最大速率是控制场景中的边线、角落阴影等细节的采样数量
插值采样	控制图像的模糊程度，数值越大，图像越模糊
细分	控制渲染效果的参数，数值越高，图像质量越好，但会增加渲染时间
显示计算阶段	勾选此选项，在渲染时会显示渲染过程，方便随时停止渲染进行参数修改
颜色阈值	这个数值用于计算机根据颜色来分辨平坦区域和不平坦区域（按照颜色的灰度来划分），值越小，分辨力越强
法线阈值	这个数值用于让计算机分辨出交叉区域（按照法线的方向来划分），值越小，分辨力越强
模式	用来设置发光贴图的文件类型，常用的是"单帧""从文件""增量添加到当前贴图"这三个模式。"单帧"一般用来渲染静态的图像；当渲染完光子以后可以把光子图保存起来，"从文件"这个选项就是用来调出已有的光子图进行渲染；"增量添加到当前贴图"用来渲染动画

6.3.3　灯光缓存

"灯光缓存"是"全局光照"卷展栏中"二次引擎"参数常用的选项，因此其用途和"发光贴图"类似，都是用来计算光照效果的，其参数如图6-35所示。"灯光缓存"卷展栏参数详解，如表6-9所示。

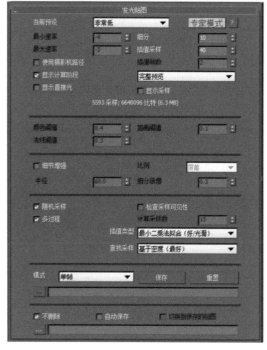

图6-34　"发光贴图"卷展栏

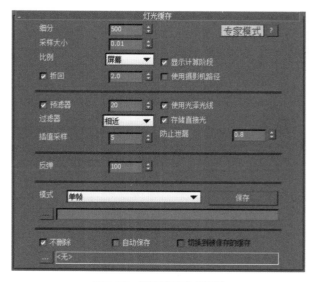

图6-35　"灯光缓存"卷展栏

表6-9 "灯光缓存"卷展栏参数列表

名称	功能说明
细分	值越高，渲染效果越好，渲染时间越慢，对比效果如图6-36所示
采样大小	用来控制"灯光缓存"的样本大小，一般情况保持默认值就可以，不需要对其进行修改
存储直接光	勾选该选项以后，直接光照信息会保存到"灯光缓存"里，在渲染出图的时候，不需要对直接光照再进行采样计算，缩短了渲染的时间，所以该选项是必须勾选的
模式	用来设置灯光缓存的使用模式

图6-36 细分值的对比效果

6.4 渲染的其他技巧

讲解完渲染的参数设置，这一节主要讲解在渲染时常会遇到的问题以及解决的方法。

6.4.1 减少噪点

噪点是在最终渲染出图后经常出现的问题，解决这个问题有三种方法。

第一种：修改"噪波阈值"的数值，数值越小则噪点越少，但会增加渲染的时间，如图6-37所示。

第二种：勾选"全局DMC"卷展栏下的"使用局部细分"，增加"细分倍增"值，如图6-38所示；也可以调节局部的噪点，比如增加场景中材质的和灯光的细分值。

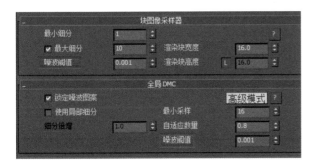 

图6-37 "噪波阈值"参数设置   图6-38 "全局DMC"卷展栏参数设置

第三种：如果场景中出现大面积斑点，找到"颜色贴图"卷展栏，勾选"子像素贴图""钳制输出"，如图6-39所示。

图6-39 "颜色贴图"卷展栏参数设置

6.4.2 渲染通道

V-Ray渲染器有一个Render Elements（渲染元素）选项卡，该选项卡下只包含一个"渲染元素"卷展栏。该卷展栏的最大作用就是渲染Photoshop后期处理要用到的彩色通道图像。彩色通道图像是将同一类模型赋予一种颜色，方便使用Photoshop创建选区。

案例训练6-1 渲染彩色通道图

制作如图6-40所示的彩色通道图。

【练习目的】

使用渲染元素里的"VRay渲染ID"来制作彩色通道图。

【操作要求】

（1）通过调整渲染参数渲染效果图；

（2）通过渲染元素里的VRay渲染ID渲染彩色通道图。

【案例训练实施】

图6-40 彩色通道图

（1）打开本书学习资源中的"场景文件→CH6→01.max"文件，单击Render Elements选项卡，然后在"渲染元素"卷展栏下单击"添加"按钮 添加… ，接着在弹出的"渲染元素"对话框中选择"VRay渲染ID"元素，最后单击"确定"按钮，如图6-41所示。

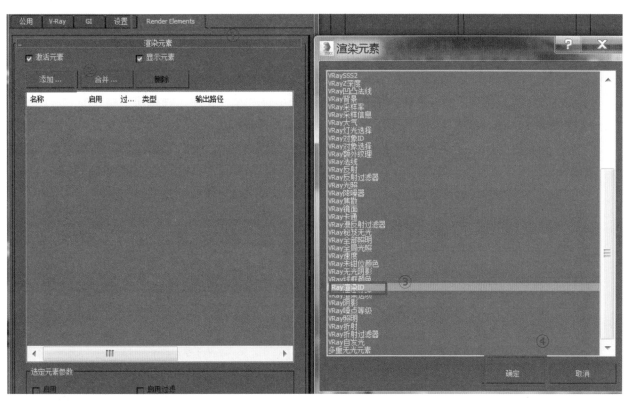

图6-41 添加"VRay渲染ID"元素

（2）选择"VRay渲染ID"元素后，先勾选"显示元素"选项，然后在"选定元素参数"选项组下勾选"启用"选项，并设置好渲染元素的保存名称与路径，如图6-42所示。

（3）按F9快捷键渲染当前视图，渲染完成后切换渲染通道为"VRay渲染ID"，就可以看到彩色通道图像，效果见图6-40，保存再导入到Photoshop中，方便选区时使用。

6.4.3 批处理渲染

一个场景放置多个摄影机，产生多个角度的渲染，此时就可以使用"批处理渲染"，该功能既可以同时渲染多个角度的效果图，还可以在渲染完后自动保存。

案例训练6-2 批处理渲染

【练习目的】

使用批处理渲染多个多角度摄影机视图。

【操作要求】

（1）通过调整渲染参数渲染效果图；

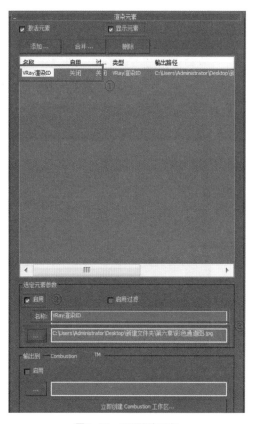

图6-42 启用渲染元素

（2）通过更改渲染设置批量渲染效果图。

【案例训练实施】

（1）在菜单栏中点击"渲染"，在下拉菜单中找到"批处理渲染"命令，然后在弹出的"批处理渲染"对话框中连续单击两次"添加"按钮从而创建两个视角，如图6-43所示。

（2）选择"View01"视角，然后在"摄影机"下拉列表中选择"Camera001"，接着单击"输出路径"选项后面的按钮设置好渲染文件的保存路径，如图6-44所示。设置完成后采用相同的方法设置好"View02"视角，如图6-45所示。

（3）在"批处理渲染"对话框中单击"渲染"按钮，此时将弹出一个显示渲染进度的"批处理渲染进度"对话框，如图6-46所示；渲染完成后在设置好的文件保存路径下即可找到渲染好的图像。

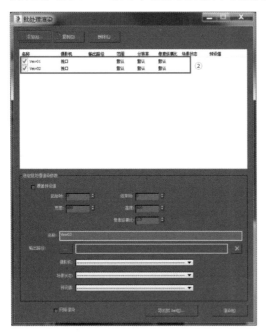

图6-43　设置批处理渲染

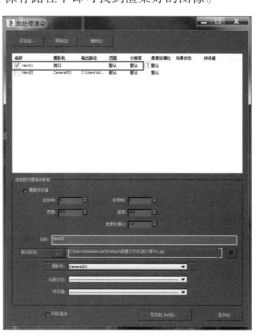

图6-44　设置文件保存路径1

图6-45　设置文件保存路径2

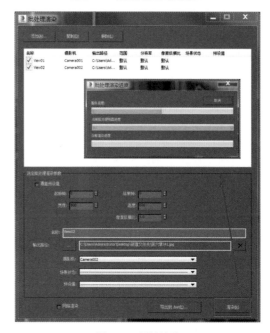

图6-46　开始渲染

6.4.4 光子渲染

光子渲染主要作用是减少渲染的时间，在渲染成图时是必不可少的步骤。光子渲染所产生的"发光图"不但可以保存，还可以调用，在重复渲染相同场景的时候可以加快渲染速度。下面通过实例练习来演示如何进行光子渲染。

案例训练6-3　发光图渲染方法

【练习目的】
练习使用光子图进行渲染。
【操作要求】
（1）通过调整渲染参数渲染效果图；
（2）通过修改渲染参数渲染单帧图的光子文件。
【案例训练实施】
（1）打开"渲染设置"，找到"公用参数"卷展栏，设置"输出大小"为"宽度"640、"高度"480，如图6-47所示。
（2）在"全局开关"卷展栏中勾选"不渲染最终的图像"选项，如图6-48所示，则系统不会渲染最终图像，只会渲染光子文件。在"图像采样（抗锯齿）"卷展栏中设置"类型"为"块"，然后在"图像过滤"卷展栏中设置"过滤器"为"Mitchell-Netravali"，在"块图像采样器"卷展栏中设置"最小细分"为1、"最大细分"为5、"噪波阈值"为0.01，如图6-49所示。

图6-47　"公用参数"卷展栏参数设置1

图6-48　"全局开关"卷展栏参数设置

图6-49　其他卷展栏中的设置

（3）在"颜色贴图"卷展栏中设置"类型"为"莱因哈德"，如图6-50所示。在"全局光照"卷展栏中设置"首次引擎"为"发光贴图"、"二次引擎"为"灯光缓存"，如图6-51所示。

（4）在"发光贴图"卷展栏中设置"当前预设"为"中"、"细分"为20、"插值采样"为40、"模式"为"单帧"，并勾选"自动保存"和"切换到保存的贴图"选项，然后设置发光贴图文件的保存路径，如图6-52所示。

图6-50 "颜色贴图"卷展栏参数设置

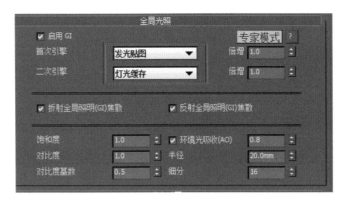

图6-51 "全局光照"卷展栏参数设置

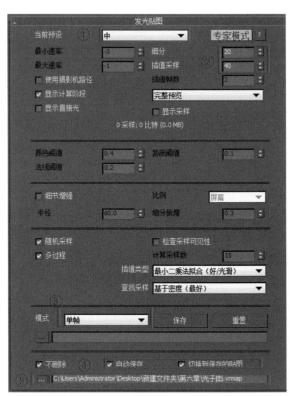

图6-52 "发光贴图"卷展栏参数设置1

（5）在"灯光缓存"卷展栏中设置"细分"为1000、"模式"为"单帧"，然后勾选"自动保存"和"切换到被保存的缓存"选项，接着设置灯光缓存文件的保存路径，如图6-53所示。

（6）按F9渲染摄影机视图，根据上面步骤中保存文件的路径可以找到已保存好的光子文件，如图6-54所示。

（7）下面渲染最终效果图，设置"宽度"为2000，"高度"为1500，如图6-55所示。

（8）在"全局开关"卷展栏中，关掉"不渲染最终的图像"（如不关掉该选项，则无法渲染最终效果图），如图6-56所示。

（9）在"发光贴图"卷展栏中设置"当前预设"为"中"，设置"模式"为"从文件"，然后加

图6-53 "灯光缓存"卷展栏参数设置1

图6-55 "公用参数"卷展栏参数设置2

图6-56 关闭"不渲染最终的图像"

灯光缓存.vrlmap　　光子图.vrmap

图6-54 保存的光子文件

载第（4）步保存的发光贴图文件，如图6-57所示。

（10）在"灯光缓存"卷展栏中设置"模式"为"从文件"，然后加载第（5）步保存的灯光缓存文件，如图6-58所示。

（11）按F9渲染摄影机视图，最终效果如图6-59所示。

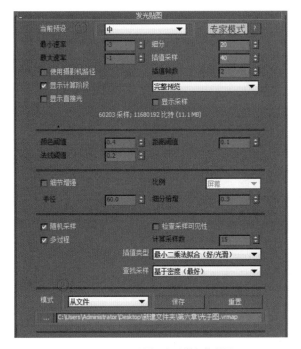

图6-57 "发光贴图"卷展栏参数设置2

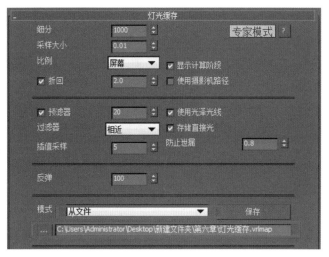

图6-58 "灯光缓存"卷展栏参数设置2

图6-59 案例训练6-3最终完成图

案例训练6-4 现代风格的客厅

【练习目的】

熟练掌握效果图渲染流程。

【操作要求】

（1）通过调整渲染参数渲染效果图；

（2）通过修改渲染参数完成完整的渲染流程。

【案例训练实施】

（1）打开案例训练4-6的客厅文件，首先渲染光子文件，按快捷键F10打开渲染设置，设置"宽度"为1000、"高度"为750，如图6-60所示。

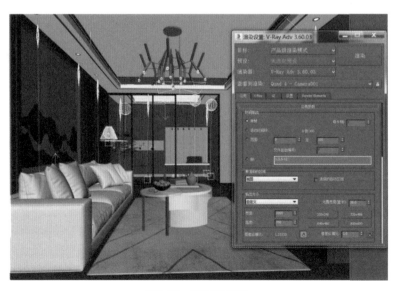

图6-60 渲染光子文件

（2）在"全局开关"卷展栏中，勾选"不渲染最终的图像"，如图6-61所示。

（3）在"图像采样（抗锯齿）"卷展栏中设置"类型"为"块"，在"图像过滤"卷展栏中设置"过滤器"为Mitchell-Netravali，在"块图像采样器"卷展栏中，设置"最大细分"为5、"噪波阈值"为0.001，如图6-62所示。

（4）在"发光贴图"卷展栏中设置"当前预设"为"中"、"细分"为80、"插值采样"为50、"模式"为"单帧"，然后勾选"自动保存"和"切换到保存的贴图"选项，并设置发光贴图文件的保存路径，如图6-63所示。

图6-61　勾选"不渲染最终的图像"

图6-62　其他卷展栏中的参数设置

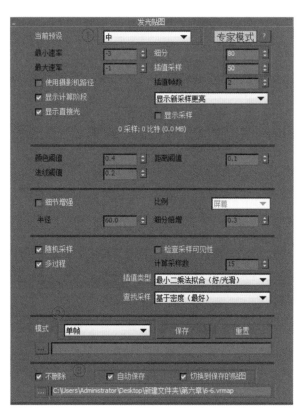

图6-63　设置"发光贴图"卷展栏参数

（5）在"灯光缓存"卷展栏中设置"细分"为1000、"模式"为"单帧"，然后勾选"自动保存"和"切换到被保存的缓存"选项，并设置灯光缓存文件的保存路径，如图6-64所示。最后切换到摄影机视图渲染场景。

（6）下面渲染最终效果图，在"输出大小"选项组中设置"宽度"为2000、"高度"为1500，如图6-65所示。在"全局开关"卷展栏中取消勾选"不渲染最终的图像"选项，如图6-66所示。

（7）在"发光贴图"卷展栏中设置"模式"为"从文件"，如图6-67所示。在"灯光缓存"卷展栏

图6-64　设置"灯光缓存"卷展栏参数

图6-65　设置"输出大小"

图6-66　取消勾选"不渲染最终的图像"

图6-67　"发光贴图"卷展栏设置"模式"

中设置"模式"为"从文件",如图6-68所示。

（8）按F9键渲染场景,最终效果如图6-69所示。

图6-68　"灯光缓存"卷展栏设置"模式"

图6-69　案例训练6-4最终完成图

学后训练　渲染简约风格客厅

在上一章为图5-84客厅的场景添加材质、摄影机后,继续完成该场景的渲染设置,并出图。通过这个案例,可以熟悉效果图的渲染流程,完成效果如图6-70所示。

图6-70　简约风格客厅完成效果图

7

Photoshop
后期处理

知识目标

- 掌握使用Photoshop调整效果图亮度的方法；
- 掌握使用Photoshop调整效果图层次感的方法；
- 掌握使用Photoshop调整效果图清晰度的方法；
- 掌握使用彩色通道图对效果图的局部进行调整的方法。

素质目标

- 培养学生分析和解决问题的能力；
- 在案例训练中培养创新意识和工匠精神；
- 用案例设计，加强学生对自己未来的思考，培养终身学习意识。

学习重点

具备效果图后期处理的能力，对效果图进行在3ds Max中无法实现的后期调整。

评分细则

序号	评分点	分值/分	得分条件	判分要求
1	Photoshop的基础知识	10	对理论知识的掌握	完成习题
2	Photoshop颜色和色调的调整	10	对Photoshop中工具的掌握	调整渲染后效果图的颜色和色调
3	效果图的最终修改	10	熟悉、掌握修改效果图的方法	完成效果图层次、清晰度、色彩的调整

　　后期制作就是对效果图进行后期的修改，将效果图在渲染中不能实现的效果在PS后期中完美地表现出来。PS后期处理在效果图制作中是非常关键的一步。本章主要介绍Photoshop 2021界面以及软件的基本操作方法，学习并掌握运用Photoshop处理效果图的方法。

7.1 Photoshop概述

软件全称 Adobe Photoshop，简称"PS"，是由 Adobe Systems 公司开发的图像处理软件。

Photoshop 主要处理像素构成的数字图像，通过使用编修与绘图工具，可以有效地进行图片编辑工作，软件在图像、图形、文字、视频、出版等各方面都有涉及。下面我们来简单了解 Photoshop 的一些应用领域。

（1）平面设计

平面设计是 Photoshop 应用最为广泛的领域，海报、招贴、书籍封面、喷绘等这些平面印刷品，基本上都需要 Photoshop 对图像进行编辑处理，即使是使用其他软件进行设计制作，也需要 Photoshop 进行抠图后，再调入其他软件进行编辑，如图 7-1 所示。

图7-1　平面设计

（2）图像处理

Photoshop 具有极其强大的图像编辑、图像合成和色彩调配功能。这些功能可以修复图片上的瑕疵、快速调色等。

（3）创意合成

图片合成是 Photoshop 常用的功能，通过两张不同类型的图片进行创意整合，可以创造出另一种视觉效果，也可以用多张图片重组成一张图片，产生非常大的视觉变化，多用于电影海报的制作，如图 7-2 所示。

图7-2　创意合成

（4）艺术文字

使用 Photoshop 还可以对文字进行处理，使文字发生各种各样的变化，比如样式和颜色的改变，为原有的图像增加艺术效果。当对软件自带的字体不满意时，我们就可以对这些字体进行艺术创作，如图 7-3 所示。

（5）绘画（插画）

随着插画风格的流行，许多绘画作者和插画师在创作自己的作品过程中，往往先使用手绘板绘制草稿，然后使用 Photoshop 进行填色。除此之外，许多流行的像素画也是用 Photoshop 来进行创作的，如图 7-4 所示。

（6）网页设计和美工

网站在制作过程中，需要使用 Photoshop

图7-3　艺术文字

图7-4　绘画

图7-5　网页设计

来进行视觉设计和样式设计。Photoshop是制作网页必不可少的工具，也是电商领域中设计主图、直通车图、详情页、店铺装修不可或缺的重要工具，如图7-5所示。

（7）UI设计

互联网飞速发展的今天，UI设计已经不能算是新兴领域，只要有屏幕的地方，就会有UI设计。而UI设计师所用的工具中离不开Photoshop，如图7-6所示。

（8）icon和logo制作

设计师使用Photoshop来进行icon和logo的设计，可以达到表现形式多样、视觉效果比较丰富、使用比较方便的效果。Photoshop不仅能编辑位图，矢量图也可以进行编辑。所以很多设计师在设计logo、icon图标和APP小图标时选择Photoshop，如图7-7所示。此外，Illustrator、CorelDRAW等软件也可以进行相关的设计制作。

（9）效果图的后期处理

效果图渲染完成之后，会出现一些用3ds Max无法修改的问题，因此就需要在Photoshop中进行调整，如图7-8所示。

图7-6　UI设计

图7-7　logo设计

图7-8 室内效果图

7.2 Photoshop界面介绍

Photoshop从1990年诞生至今，经过了很多次的版本更新，但整体的操作界面没有太大的变化。软件本身不存在兼容性问题，但版本越高，软件占内存越大，运行起来速度就越慢。下面以Photoshop2021为例，简单介绍Photoshop的操作界面。打开Photoshop，进入如下界面，如图7-9所示。

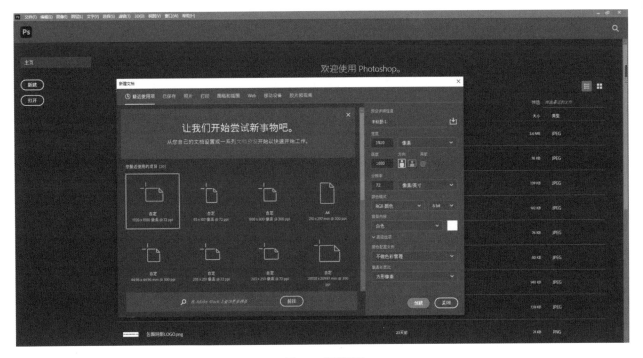

图7-9 欢迎界面

Photoshop的界面由6部分组成：菜单栏、选项栏、工具栏、面板、文档窗口和标题栏，如图7-10所示。在界面调出需要的功能，做效果图时常用到的有：工具、图层、历史记录、选项栏。

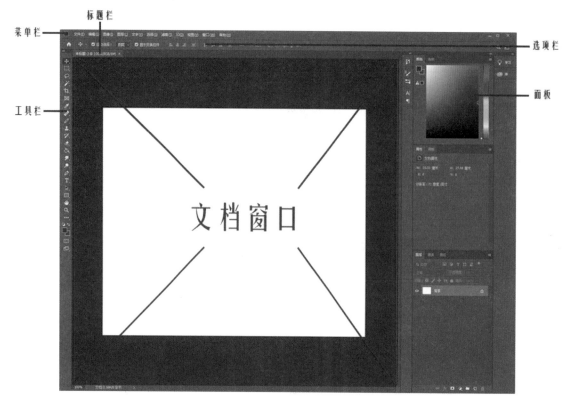

图7-10　操作界面

软件支持的格式很多，做室内效果图会用到3种图片格式，如表7-1所示。

表7-1　做室内效果图的常用格式

	格式	优点	缺点
TIF	也叫作TIFF格式，是效果图的最初格式	兼容性强，图片精细度高，比较清晰	图片的容量太大，不便于上传或者拷贝
PSD	是PS的专用格式，也是效果图的中间格式。在用PS修改效果图的过程中可以保存成PSD格式，方便打开继续修改	包含图层、字体格式、特效等，便于在PS中修改	兼容性差，只有PS和很少的软件能够打开
JPG	也叫JPEG格式，是效果图的最终格式	兼容性强，所有的软件都可以打开，图片容量小，便于上传和拷贝	清晰度不高，JPG格式虽然精细度不高，但是并不明显，因此最终效果图用PS处理完后，都保存成JPG格式

7.2.1　新建页面

使用Photoshop，新建页面是第一步，依次点击"文件→新建"就可打开"新建"页面，如图7-11所示，快捷键为Ctrl+N。

在新建文件时，大部分都会选择"像素"作为单位，如图7-12所示，其他单位在特殊需要时才会使用，比如做一张电影海报，那么会选择"厘米"或者"毫米"作为单位。

在做贴图时，一般最长边不要超过200毫米，分辨率150或200像素/英寸。如果图像过大，在3D渲染过程中有可能出现"位图加载失败"的问题。

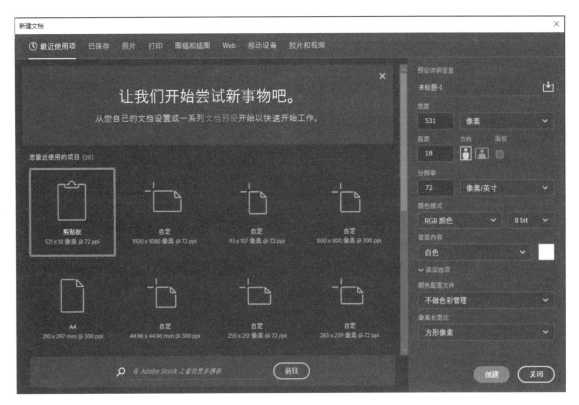

图7-11 新建页面

初学者往往会把"像素""分辨率""尺寸""屏幕分辨率"这几个概念混淆在一起。"尺寸"比较容易理解,"屏幕分辨率"指的是手机、计算机屏幕的显示效果,比如750×1334、1920×1080等,与"分辨率"有区别。"像素"作为一个单位,很多人误以为只是一个小方块,它其实是一个没有固定大小的"颜色点",一张图片就是由成千上万这样的"颜色点"组成的。

(1)分辨率

如图7-13所示,设置"分辨率"时,分辨率300以上,为印刷的最低标准(时尚、珠宝、车类杂志可设置为350);分辨率72,为网页设计的标准;分辨率30,为超大型喷绘的设计标准。

(2)颜色模式

PS共有5种颜色模式,如图7-14所示。

"位图"模式是指只用黑白两种颜色来表示图像中的像素,简单来说,"位图"模式下的图像也被称为黑白图像。

"灰度"模式是指用单一色调(黑白灰)来表现图像,通常用于印刷中,将彩色图像转换为高品质的黑白图像(有亮度效果)。

"RGB颜色"模式是数码设备中标准的色彩模式,手机、电脑、相机、摄影机、智能手表等带有电子显示屏的设备中的图像,均基于此标准。其中"R"指的是红色(red),"G"指的是绿色(green),"B"指

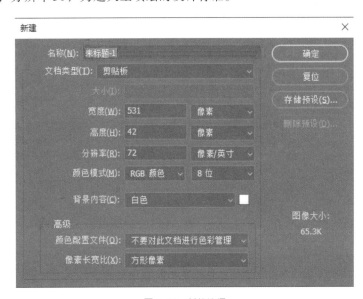

图7-12 单位选择

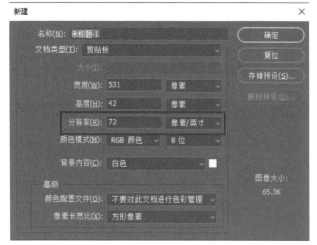 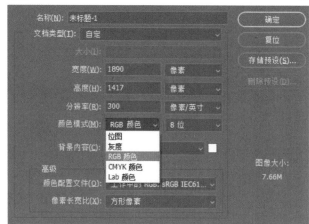

图7-13　分辨率　　　　　　　　　　　　　　图7-14　颜色模式

的是蓝色（blue）。利用光的混合原理，每种颜色的取值范围是0～255，一共可以显示1658万种颜色。所以，RGB又被称为光的三原色，也是在进行效果图调整时常用的颜色模式。

"CMYK颜色"模式是用于印刷和喷绘的色彩模式、平面设计选择的颜色模式，RGB模式中的颜色虽多，但不能完全打印出来，所以在编辑时要选择CMYK模式，避免色彩的损失。

7.2.2　菜单栏

菜单栏位于Photoshop最上方，共有"文件""编辑""图像""图层""文字""选择""滤镜""3D""视图""窗口""帮助"11个功能菜单，如图7-15所示，用鼠标单击选择或者快捷键可调用菜单栏里的命令选项。

图7-15　Photoshop的菜单栏

7.2.3　选项栏

选项栏是用来设置工具选项的，根据所选择工具的不同，选项栏中的内容也不同。在选项栏中，可以在特定的文本框中选择选项，或输入不同的参数值改变工具的状态，如图7-16所示。

图7-16　Photoshop的选项栏

7.2.4　工具栏

工具栏是Photoshop中使用最多的，可以对图像进行移动、绘制等，共有约65种工具。单击工具栏顶部的双箭头可以切换为单列显示和双列显示，光标停留在工具上可显示该工具的快捷键，常用工具及功能见图7-17所示。

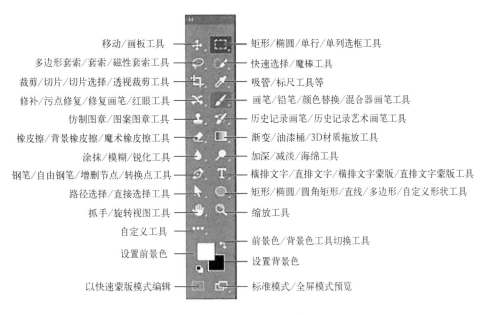

移动/画板工具
矩形/椭圆/单行/单列选框工具
多边形套索/套索/磁性套索工具
快速选择/魔棒工具
裁剪/切片/切片选择/透视裁剪工具
吸管/标尺工具等
修补/污点修复/修复画笔/红眼工具
画笔/铅笔/颜色替换/混合器画笔工具
仿制图章/图案图章工具
历史记录画笔/历史记录艺术画笔工具
橡皮擦/背景橡皮擦/魔术橡皮擦工具
渐变/油漆桶/3D材质拖放工具
涂抹/模糊/锐化工具
加深/减淡/海绵工具
钢笔/自由钢笔/增删节点/转换点工具
横排文字/直排文字/横排文字蒙版/直排文字蒙版工具
路径选择/直接选择工具
矩形/椭圆/圆角矩形/直线/多边形/自定义形状工具
抓手/旋转视图工具
缩放工具
自定义工具
前景色/背景色工具切换工具
设置前景色
设置背景色
以快速蒙版模式编辑
标准模式/全屏模式预览

图7-17 Photoshop 的工具栏

7.2.5 面板

面板是用来配合工具栏和文档窗口使用的，默认是以选项卡组的形式出现在界面右侧，如图7-18所示。可以按照自己的使用习惯来自定义面板，也可以浮动面板，以窗口的形式存在，如图7-19所示。

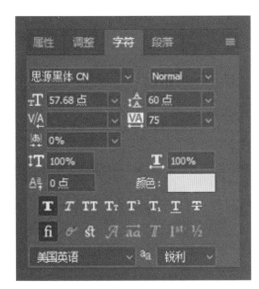

图7-18 面板

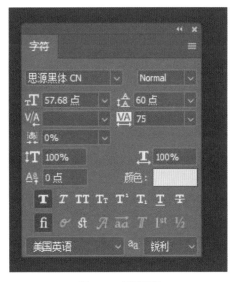

图7-19 浮动面板

7.2.6 图层

图层为PS中最为核心的功能之一，图层就如同堆叠在一起的透明纸，每一张纸上都保存了一张图像，可以通过上面图层的透明区域看到下面图层的内容，如图7-20所示。

图 7-20　图层原理

在"图层"面板中，选择"图层→右键→复制图层"，便可以将该图层复制一层，如图 7-21 所示，也可以用快捷键 Ctrl+J 来完成。

在"图层"面板中，选择"图层→右键→删除图层"，便可以将该图层删除，如图 7-22 所示；或者用鼠标选中该图层，拖拽至右下角的 🗑 图标上，如图 7-23 所示；也可以选中该图层按键盘 Delete 键删除。

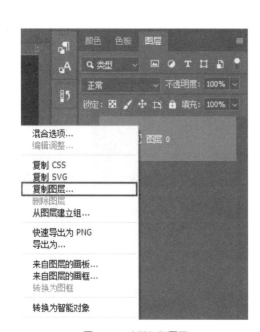

图 7-21　右键复制图层　　　　　图 7-22　删除图层方法 1　　　　　图 7-23　删除图层方法 2

7.3 Photoshop颜色和色调调整

　　对于一幅效果图的后期处理，首先要清楚这幅效果图要处理哪些方面，如图像的亮度、层次、清晰度、色彩或是图像的光效和环境等。清楚效果图的调整方向以后，就需要用到Photoshop的专业工具或是命令来进行调整，如工具栏中的相关工具、调色命令、特殊滤镜和混合模式等。

　　本节针对如何解决效果图发灰的问题进行详细讲解，通过调节亮度、色彩饱和度和图像清晰度三个方面来解决。

　　找到"图层"面板下方 的"调整图层"按钮，点开后可以看到菜单，如图7-24所示。

7.3.1 曲线

　　"曲线"是调色时使用率最高的命令之一，它可以进行亮度的调整，也可以对图像的色调进行校正，如图7-25所示，快捷键为Ctrl+M。

图7-24 调整图
层菜单

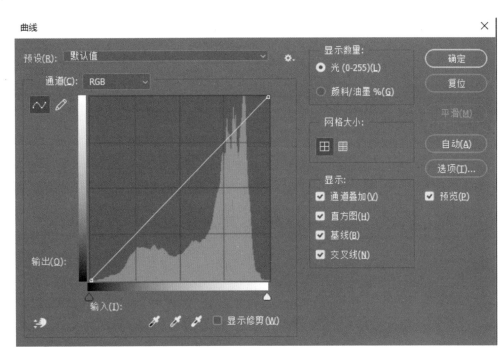

图7-25 曲线

　　它的横坐标是原来的亮度，纵坐标是调整后的亮度。在没有调整时，曲线是直线形的，曲线上任何一点的横坐标和纵坐标都相等，如图7-26所示。曲线下面有两个滑块，标示明暗方向。黑色滑块在左边，白色滑块在右边，表示左边暗，右边亮。

　　当把曲线向上拉时，画面就会变亮，如图7-27所示。

　　反之向下拉，画面就会变暗，如图7-28所示。

图7-26 没有调整时的曲线

图7-27 画面变亮

图7-28 画面变暗

7.3.2 色相/饱和度

色相，即各类色彩的品相，如大红、普蓝、柠檬黄等。色相是色彩的首要特征，是区别各种不同色彩的最准确的标准。事实上任何黑白灰以外的颜色都有色相的属性，而色相就是由原色、间色和复色来构成的。12色相环如图7-29所示。

饱和度指色彩的鲜艳程度，也称作纯度。饱和度是色彩的三个属性之一，另外两个属性为色相和明度。在色彩学中，原色饱和度最高，随着饱和度降低，色彩变得暗淡直至成为无彩色，即失去色相的色彩。图7-30所示为色相/饱和度的面板，快捷键为Ctrl+U。

图7-29 12色相环

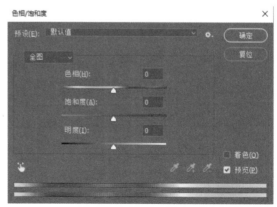

图7-30 色相/饱和度

7.3.3 色阶

色阶用来观察图像明暗关系。色阶图只是一个直方图，用横坐标标注质量特性值，纵坐标标注频数或频率值，各组的频数或频率的大小用直方柱的高度表示，如图7-31所示。

图7-31 色阶

在使用色阶调色时，主要针对亮度中的属性"阴影""中间调""高光"进行调整，如图7-32所示。调动对应的滑块或者输入具体的参数，即可对画面进行调整。

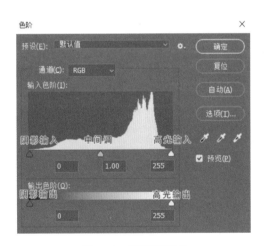

图7-32 使用色阶调色

7.4 实战演练

前面几节讲解了Photoshop中的基础知识以及效果图后期处理所用到的工具，本节将针对如何调整效果图的画面亮度、画面层次感、画面清晰度等进行详细讲解，涉及的知识包括曲线、色相/饱和度、滤镜、彩色通道图等命令。

案例训练7-1 调整效果图的亮度

用"曲线"命令调整效果图，前后对比如图7-33所示。

【练习目的】

用"曲线"命令调整效果图的亮度。

【操作要求】

（1）复制图层；

（2）用"曲线"命令调整图片亮度。

【案例训练实施】

(a) 调整前　　　　　　　　　　　　　　　　　　(b) 调整后

图7-33 "曲线"调整效果图对比

（1）启动Photoshop，打开本书学习资源中的"场景文件→CH4→03.max"文件，打开后的界面效果如图7-34所示。

图7-34 打开场景文件03

（2）在"图层"面板中复制图层，快捷键为Ctrl+J，将背景图层复制，得到图层1，如图7-35所示。

（3）点击菜单栏中的"图像→调整→曲线"命令，快捷键为Ctrl+M，打开"曲线"对话框，然后将曲线调整成弧形状，如图7-36所示。最终效果如图7-37所示。

（4）打开"储存为"对话框，然后为文件命名，并设置储存格式为PSD格式。

图7-35 复制图层

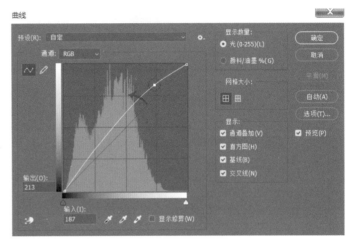

图7-36 "曲线"调整图片亮度

图7-37 案例训练7-1最终完成图

案例训练7-2 调整效果图层次感

用"曲线"命令调整效果图，前后对比如图7-38所示。

【练习目的】

用"曲线"命令调整效果图层次感。

【操作要求】

（1）复制图层；

（2）用"曲线"命令调整图片层次。

【案例训练实施】

(a)调整前　　　　　　　　　　　　　　　　　　　(b)调整后

图7-38　效果图层次感对比

（1）启动Photoshop，打开本书学习资源中的"场景文件→CH5→07.max"文件，打开后的界面效果如图7-39所示。

（2）点击菜单栏中的"图像→调整→曲线"命令，快捷键为Ctrl+M，打开"曲线"对话框，然后将曲线调整成如图7-40所示的线条。最终效果如图7-41所示。

图7-39　打开场景文件07

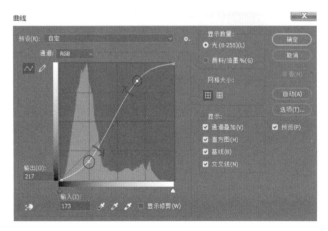

图7-40　使用"曲线"调整明暗对比度

图7-41　案例训练7-2最终完成图

案例训练7-3　用色相/饱和度调整效果图的颜色

用"色相/饱和度"命令调整效果图，前后对比如图7-42所示。

【练习目的】

用"色相/饱和度"命令调整颜色偏淡的效果图。

【操作要求】

用"色相/饱和度"命令调整图片的色相和饱和度。

【案例训练实施】

(a)调整前 (b)调整后

图7-42　效果图颜色对比

（1）启动Photoshop，打开本书学习资源中的"场景文件→CH6→01.max"文件，打开后的效果如图7-43所示，可以明显看出画面整体色彩偏淡。

（2）点击菜单栏中的"图像→调整→色相/饱和度"命令，快捷键为Ctrl+U。打开"色相/饱和度"对话框，然后将对话框中的参数"饱和度"调整为31，"色相"调整为8，如图7-44所示。最终效果如图7-45所示。

图7-43　调整前的效果图

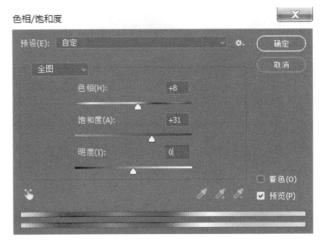

图7-44　调整色相/饱和度

图7-45 案例训练7-3最终完成图

案例训练7-4 用彩色通道图调整效果图

用彩色通道图调整效果图，前后对比如图7-46所示。

【练习目的】

用彩色通道图调整效果图的局部细节。

【操作要求】

（1）复制图层；

（2）使用魔棒工具进行选区；

（3）用"曲线"命令调整图片对比度。

【案例训练实施】

（1）启动Photoshop，打开本书学习资源中的"场景文件→CH4→03.max"文件，打开效果图和在3ds Max中渲染后的彩色通道图（制作方法详见案例训练6-1），如图7-47所示。

（2）使用移动工具并按住Shift键将彩色通道图拖拽到效果图中，如图7-48所示。使用快捷键Ctrl+J复制背景图层，并调整图层顺序，如图7-49所示。

(a)调整前

(b)调整后

图7-46 彩色通道图调整效果图前后对比

（3）选择当前图层为图层1，使用魔棒工具选择沙发，按住Shift键进行连选，如图7-50所示。创建沙发选区后切换到"背景 拷贝"图层，按Ctrl+J复制沙发选区，将沙发选区创建为图层2，如图7-51所示。

（4）选择当前图层为图层2，点击菜单栏中的"图像→调整→曲线"命令，快捷键为Ctrl+M，打开"曲线"对话框，然后将曲线调整成如图7-52所示的线条，会发现只有沙发的亮度发生了改变。

（5）用上述同样的方法继续修改桌面的亮度和沙发背景墙的亮度，最终效果如图7-53所示。

图7-47　打开效果图和彩色通道图

图7-48　合并彩色通道图

图7-49　复制背景图层并调整顺序

图7-50　使用魔棒工具

图7-51　复制选区

图7-52　"曲线"调整

图7-53　案例训练7-4最终完成图

案例训练7-5　调整效果图的清晰度

用滤镜调整效果图清晰度，前后对比如图7-54所示。

(a) 调整前　　　　　　　　　　　　　　　　　　　　(b) 调整后

图7-54　滤镜调整效果图清晰度前后对比

【练习目的】

用滤镜调整效果图的清晰度。

【操作要求】

（1）复制图层；

（2）使用滤镜；

（3）调整图层混合模式。

【案例训练实施】

（1）打开案例训练7-4的PSD文件，使用快捷键Ctrl+J复制图层2，如图7-55所示。

（2）选择当前图层为"图层2拷贝"，在菜单栏中点击"图像→调整→去色"，如图7-56所示。

（3）在菜单栏中点击"滤镜→其它→高反差保留"，调整高反差保留"半径"为2。

（4）选择图层混合模式为"叠加"，如图7-57所示。最终效果如图7-58所示，这样修改的效果图细节更清晰。

图7-55　复制图层2

图7-56　去色

图7-57　图层混合模式为"叠加"

图7-58　案例训练7-5最终完成图

学后训练　对效果图进行后期调整

通过本章的学习，对图7-59进行调整，涉及的知识包含"曲线"命令、"亮度/对比度"命令、"滤色"模式。

图7-59　需要后期调整的效果图

课后习题

1. 做室内效果图常用图片格式有哪些？
2. 图层创建要点有哪些？

附录

快捷键索引

主界面快捷键

操作	快捷键	操作	快捷键
显示降级适配（开关）	O	匹配到摄影机视图	Ctrl+C
适应透视图格点	Shift+Ctrl+A	材质编辑器	M
排列	Alt+A	最大化当前视图（开关）	Alt+W
角度捕捉（开关）	A	脚本编辑器	F11
动画模式（开关）	N	新建场景	Ctrl+N
改变到后视图	K	法线对齐	Alt+N
背景锁定（开关）	Alt+Ctrl+B	向下轻推网格	小键盘 −
前一时间单位	.	向上轻推网格	小键盘 +
下一时间单位	,	NURBS 表面显示方式	Alt + L 或 Ctrl + 4
改变到顶视图	T	NURBS 调整方格 1	Ctrl+1
改变到底视图	B	NURBS 调整方格 2	Ctrl+2
改变到摄影机视图	C	NURBS 调整方格 3	Ctrl+3
改变到前视图	F	偏移捕捉	Alt + Ctrl + 空格
改变到等用户视图	U	打开一个 max 文件	Ctrl+O
改变到右视图	R	平移视图	Ctrl+P
改变到透视图	P	交互式平移视图	I
循环改变选择方式	Ctrl+F	放置高光	Ctrl+H
默认灯光（开关）	Ctrl+L	播放 / 停止动画	/
删除物体	Delete	快速渲染	Shift+Q
当前视图暂时失效	D	回到上一场景操作	Ctrl+A
是否显示几何体内框（开关）	Ctrl+E	回到上一视图操作	Shift+A
显示第一个工具条	Alt+1	撤销场景操作	Ctrl+Z
专家模式，全屏（开关）	Ctrl+X	撤销视图操作	Shift+Z
暂存场景	Alt+Ctrl+H	刷新所有视图	1
取回场景	Alt+Ctrl+F	用前一次的参数进行渲染	Shift + E 或 F9
冻结所选物体	6	渲染配置	Shift + R 或 F10
跳到最后一帧	End	在 XY ／ YZ ／ ZX 锁定中循环改变	F8
跳到第一帧	Home	约束到 X 轴	F5
显示 / 隐藏摄影机	Shift+C	约束到 Y 轴	F6
显示 / 隐藏几何体	Shift+O	约束到 Z 轴	F7
显示 / 隐藏网格	G	旋转视图模式	Ctrl + R 或 V
显示 / 隐藏帮助物体	Shift+H	保存文件	Ctrl+S
显示 / 隐藏光源	Shift+L	透明显示所选物体（开关）	Alt+X
显示 / 隐藏粒子系统	Shift+P	选择父物体	PageUp

操作	快捷键	操作	快捷键
显示／隐藏空间扭曲物体	Shift+W	选择子物体	PageDown
选择锁定（开关）	空格	根据名称选择物体	H
减淡所选物体的面（开关）	F2	子物体选择（开关）	Ctrl+B
显示所有视图网格（开关）	Shift+G	贴图材质修正	Ctrl+T
显示／隐藏命令面板	3	加大动态坐标	+
显示／隐藏浮动工具条	4	减小动态坐标	−
显示最后一次渲染的图像	Ctrl+I	激活动态坐标（开关）	X
显示／隐藏主要工具栏	Alt+6	精确输入转变量	F12
显示／隐藏安全框	Shift+F	全部解冻	7
显示／隐藏所选物体的支架	J	根据名字显示隐藏的物体	5
百分比捕捉（开关）	Shift+Ctrl+P	刷新背景图像	Alt+Shift+Ctrl+B
打开／关闭捕捉	S	显示几何体外框（开关）	F4
循环通过捕捉点	Alt + 空格	视图背景	Alt+B
间隔放置物体	Shift+I	用方框快显几何体（开关）	Shift+B
改变到光线视图	Shift+4	打开虚拟现实	数字键盘1
循环改变子物体层级	Insert	虚拟视图向下移动	数字键盘2

参考
文献

［1］姚勇，鄢峻. 红色风暴 I—3ds Max 室内设计实例教程（家居篇）［M］.北京：中国青年出版总社，2004.

［2］王华，沈箐. 3ds Max8 典型建筑效果图艺术表现（全彩）［M］.北京：电子工业出版社，2006.

［3］Kelly L.Murdock.3ds Max 7 宝典［M］.北京：电子工业出版社，2006.

［4］姜锡臣. 3ds Max 建筑与室内装饰设计经典［M］.北京：人民邮电出版社，2003.

［5］朴英宇. 3ds Max 建筑与室内装饰设计经典 II［M］.北京：人民邮电出版社，2004.